U0685344

卓越学术文库 ■ ▬▬▬

农村医疗废弃物回收处理系统的构建与优化

NONGCUN YILIAO FEIQIWU HUISHOU CHULI XITONG DE GOUJIAN YU YOUHUA

河南省高等学校哲学社会科学优秀著作资助项目

聂 丽 著

郑州大学出版社

郑 州

图书在版编目(CIP)数据

农村医疗废弃物回收处理系统的构建与优化/聂丽著. —郑州:郑州大学出版社,2016.9

(卓越学术文库)

ISBN 978-7-5645-3351-9

Ⅰ.①农… Ⅱ.①聂… Ⅲ.①农村-医用废弃物-废物处理-系统-研究 Ⅳ.①X799.5

中国版本图书馆 CIP 数据核字 (2016) 第 184592 号

郑州大学出版社出版发行

郑州市大学路40号　　　　　　　　　邮政编码:450052

出版人:张功员　　　　　　　　　　　发行电话:0371-66966070

全国新华书店经销

新乡市豫北印务有限公司印制

开本:710 mm×1 010 mm　1/16

印张:10

字数:191 千字

版次:2016 年 9 月第 1 版　　　　　　印次:2016 年 9 月第 1 次印刷

书号:ISBN 978-7-5645-3351-9　　　　定价:25.00 元

本书如有印装质量问题,请向本社调换

前　言

　　医疗废弃物处理不当引起的危害日趋严重,全世界每年约有 520 万人死于医疗废弃物暴露引起的疾病。医疗废弃物具有感染性、传染性、腐蚀性等特点,带来了潜在的环境危害和公共卫生风险。在处理医疗废弃物过程中存在对其危害认识不够、管理不规范、设施不健全、填埋不彻底、焚烧不充分、人员培训不足等问题,这些问题在农村地区尤为突出。因此,构建与优化我国农村医疗废弃物回收处理系统,对我国医疗废弃物的管理具有重要的理论价值和现实意义。

　　本书主要内容有以下几点:①基于问卷调研和访谈,从博弈论、经济学角度构建与优化农村医疗废弃物回收处理系统框架;②将农村医疗废弃物分为一般废弃物、可循环利用废弃物和感染性废弃物 3 类,以"减量化"为目标,从环境行为角度,仿真在不同政策背景下,感染性医疗废弃物产生量及相关变量的动态变化;③结合公共设施选址的要求,构建暂存处选址的多目标渐进覆盖优化模型,在分析逆向物流回收物品特征和医疗废弃物特征的基础上,构建带时间窗的车辆路径优化模型,并设计启发式算法,验证了模型和算法的有效性和可行性;④分析信息技术的适用性,构建面向农村医疗废弃物多级协作信息技术平台。

　　本书的特色和创新点有以下几点:①基于调研分析农村医疗废弃物构成特点的基础上,提出农村医疗废弃物分类方法,对感染性医疗废弃物产生量建立系统动力学模型,模拟各变量对其影响程度;②引入渐进覆盖函数建立暂存处选址模型,考虑时间和容量约束建立车辆路径优化模型,并以新乡县为例,进行暂存处选址和车辆路径优化;③从系统的角度出发,以农村医疗机构为对象,构建与优化回收处理的系统框架并提出优化方法。

　　本书写作过程中参阅了国内外众多相关著作及最新研究成果,以参考文献的方式列出。在此,向学术界的同仁表示感谢!

　　在本书撰写过程中,我的博士生导师中国农业大学的乔忠教授对本书框架结构及内容都提出了宝贵的意见,在此表示深深的感谢!

由于作者水平有限,书中的疏漏和不足之处在所难免,敬请各位专家和读者批评指正。

作者

2015 年 12 月 09 日

目录

第1章

引　言

1.1　研究背景和意义

1.1.1　研究背景

世界卫生组织(WHO)2011年称全世界每年进行160亿次注射,事后并非所有的针头和注射器都得到妥善处理。医疗废弃物含有潜在有害微生物,在处理过程中存在对其危害认识不够、管理不规范、设施不健全、填埋不彻底、焚烧不充分、人员培训不足等问题,对接触者及环境造成了潜在的风险,如利器伤人、药物中毒、水质污染等。因此必须加强医疗废弃物的管理,减少医疗废弃物产生及减轻其对人类的危害、对环境的污染,促进医疗废弃物循环利用。

医疗废弃物是指在医疗服务为人类、牲畜提供诊断治疗、免疫、医学生物学研究和实验及各种生物制品等过程中产生的固体废弃物。据统计,在医疗废弃物中有15%~25%为感染性,它们带来的潜在环境危害和公共卫生风险已经引起了世界范围的关注,据Abdul研究显示大约每年有520万人,其中包括400万儿童死于医疗废弃物的暴露引起的疾病。因此有效的医疗废弃物管理变得越来越重要。随着我国经济的快速发展,从2004到2013年全国的卫生机构从296 492个增长到974 398个,其增长超过3倍;为加强医疗废弃物的安全管理,防止疾病传播,我国先后在2003年和2006年出台《医疗废物管理条例》和《医院感染管理办法》对医疗废弃物的收集、运送、储存、处置、监督管理等做了相关规定。

经调查发现农村相对城市而言,一些乡镇卫生院和村卫生室的医疗废弃物产生量虽然不多,各地方政府也制定了农村医疗机构医疗废弃物管理

的细则,但由于村镇级医疗机构点较多、分布分散、缺乏监督管理,医疗废弃物管理过程中的问题更为突出,如将医疗废弃物作为普通垃圾处理、分类模糊、随意倾倒、焚烧不彻底、医务人员及管理人员不重视、人员培训不足及缺乏相关的法律法规等问题,这些问题为人类健康和社会环境带来了潜在的隐患,有些甚至直接导致了疾病的流行,因此对农村医疗废弃物回收处理现状及存在问题进行系统分析,构建适合农村医疗废弃物回收处理系统是目前急需解决的问题。

1.1.2 研究意义

从文献及实际调研发现,我国医疗废弃物的处理及管理等相关研究尚处于起步阶段,农村地区的研究更少,但在当前环境保护及城镇化建设步伐逐渐加快的形势下,对农村医疗废弃物处理过程中的问题进行研究具有重要的理论意义及现实意义。

由于医疗废弃物具有潜在性、转移性、迁移性及突发性等特点,且农村医疗废弃物又具有分散性、范围广和外部性强等特点,处理过程烦琐,同时农村医疗废弃物管理相比城市相对薄弱,一些医疗机构在医疗废弃物回收处理的管理中过分注重经济效益,忽略社会效益和生态效益,导致了不法分子回收利用医疗垃圾、医疗废弃物乱排乱放、医疗废弃物流散、不具备从业经验和基础设施的单位从事医疗废弃物处理等问题,这将对人类健康和社会环境造成巨大危害。因此深入了解农村医疗废弃物回收处理现状,在考虑社会效益、经济效益和生态效益的基础上,构建农村医疗废弃物回收处理系统,对安全、可持续地管理农村医疗废弃物,保证农村居住环境,建立和完善我国农村医疗废弃物管理体系等都提供了决策依据。

此问题的研究提升了农村医疗废弃物回收处理的系统性、科学性、动态性,对保障人体健康、促进医疗废弃物循环利用、减少环境污染具有重要意义,同时促进了我国经济的长期可持续发展。

1.2 文献综述

1.2.1 废弃物的回收模式研究

1.2.1.1 国外废弃物回收模式研究

国外垃圾回收以包装废弃物和电子废弃物为主,通过实施生产者延伸制形成以大型中介回收公司为主的运营方式。Reza 提出多因素双重作用下选择的第三方逆向物流供应商的新模式,并通过算例验证。冯慧娟、鲁明中

研究发现德国采用政府监督,由第三方非营利机构负责对电子电器产品实行统一组织、管理、协调和监督的运营方式,并且对惩罚措施做了明确的规定,如回收废弃物的分类、加工、再生、可循环利用,各相关主体要承担的责任等。朴玉在分析日本家电废弃物回收处理状况时认为,日本家电回收再利用法在生产者延伸的基础上,将家电废弃物的处理责任由地方政府转移至家电生产厂商,各自负责完成家电产品的环境友好型设计。

1.2.1.2　农产品物流成本相关研究

国内废弃物回收模式研究,胡晓龙、王雪珍指出我国在电子废弃物回收处理网络构建过程中,存在可循环利用的电子废弃物交投、回收、营运体系构建问题。原因是现有电子废弃物回收体系运营缺乏相应的制度环境和条件,存在"市场失灵"现象,要建立电子废弃物回收处理网络的保障机制。乌力吉图、邹松涛研究静脉产业视角下电子废弃物回收再利用,探讨上海、江苏和浙江的家电废弃物回收处理模式,提出长江三角洲地区建立电子废弃物管理票制度、扩大生产者责任制和区域协作的政策。王兆华、尹建华运用 Logistic 回归模型,揭示家电企业的回收行为特征,表明回收制度及法规、消费者要求回收的意愿、管理者的环境意识、回收的经济效益对生产者回收行为具有正向的显著影响。王道平、夏秀芹对发达国家末端产品回收物流进行研究,指出末端产品从消费者返向生产商,主要通过生产商、生产商联合体和第三方物流的方式,其中第三方物流是重要的方式。王金霞等研究农村生活固体垃圾的排放特征、处理现状与管理,分析农村生活固定垃圾的排放特征、处理状况与影响因素及采取的相应管理措施,提出首先要设立乡镇级环境管理机构,完善法规制度,加大政府投资力度,要建立健全村级保洁制度,发动群众参与,并引入市场运作机制,还需要实行源头分类收集。

1.2.2　回收物流网络问题研究

1.2.2.1　回收物流网络设计研究

物流网络设计通过建立线性或者非线性规划模型来达到运输成本最小化、网络利润最大化等目标。如 Conceio 等提出了一个随机双目标战略定位模型,该模型是逆向物流规划综合模型,描述了逆向物流的特征,如设施分类、多商品、技术选择和随机性相关的运输成本、废物产生等。采用两阶段的随机双目标混合整数模型,使建设、网络运营成本最小化,同时产生不良影响的设施成本也被最小化。Sasikumar 等提出多级逆向物流产品恢复的网络设计——卡车轮胎再制造案例,提出回收价值的翻新轮胎再制造方式,建立一个混合整数非线性规划模型,使多级逆向物流网络利润最大化,利用 LINGO 8 解决所提出的模型的优化求解,提供了相关的决策设施的数量、位

置及相应产品配置的流程,最后重新处理轮胎,通过降低成本的途径来获得利润,模型灵敏度分析给出了在客户和初始采集点之间最大允许距离。Saman 等提出了一种混合非整数线性规划模型,以减少在多级逆向物流网络运输和固定成本。用模拟退火(SA)算法与特殊邻域搜索方法,找到附近最佳解决方案。Sally 和 Chen 研究了在闭环供应链中同时取货和送货的车辆路径最优化问题,用混合整数规划设计和启发式算法来解决非线性规划问题模型,提出启发式算法和模拟退火算法是很有效的解决方案。

在构建选址模型时,综合考虑多种目标,如连启里等探讨生态旅游区固体废弃物逆向物流网络设计问题,在考虑废弃物产生量不确定性、成本最小和回收站距离较短的基础上,构建了带有模糊参数的中转站和处理站选址优化模型,采用启发式算法进行求解,并验证了该算法的有效性和可行性;韦彤等研究了多服务、多设施选址问题,主要考虑时间约束对选址的影响;李灵芝等建立了综合考虑投资者、使用者和管理者三方利益最优的多目标停车场选址模型;赵树平等建立了城市突发性事件时的应急设施选址模型;侯璐璐等建立了考虑邻避效应和公众参与的垃圾焚烧厂选址模型。

1.2.2.2 回收物流实施效果评价方面

Bastiaan 等从商业发展角度开发了以经验为基础的诊断工具,评估消费电子企业的逆向物流做法和识别潜在提高途径,并对逆向物流管理和绩效进行改进。作为实证工具,收集数据结合定量分析(一定量的调研)与定性分析(访谈和参观公司)的方法,证明该工具可用于对逆向物流的成熟状态进行高级管理。Brandon 和 Roland 在 PET 瓶逆向物流——加利福尼亚州收集项目的环境绩效中,调查加利福尼亚州 PET 瓶回收项目,评估在减少环境污染负担方面有效性,得出加利福尼亚州的分散收集和处理瓶子的过程对环境影响最小。

1.2.2.3 回收物流设计中具体政策、信息一体化、设施定位、时间 周期、收购价格

Taebok 等在加工容量投资中,前-逆向物流的多流向政策文中,提出为优化闭环供应链,在建立实际的操作政策时,要保证前向物流与逆向物流在产品消费和加工时的规模和传递频率一致,并且在考虑多流向产品加工政策时,应该考虑整个供应链成本最小,在闭环供应链设计中提出最优化多流向供应链政策模型。工业信息一体化研究调研废旧电池逆向物流过程,重点强调废旧电池逆向物流中信息一体化。Danijel 等研究订货与交货时间、运输成本、组织成本、劳动力价格和个别位置对整个系统净现值的贡献。Stefan 和 Moritz 指出在逆向物流中收购价格不同的产品价值、质量有很大不同,产品在实际收购前应分等级,借助连续近似模型帮助比较两种策略,得

到最优定价和网络密度的决策表达式。

1.2.3 对医疗废弃物的回收处理研究

1.2.3.1 对医疗废弃物管理现状进行调查

1)国外研究

通过问卷调研和访谈等找出医疗废弃物管理过程中存在的问题,主要集中于研究发展中国家和落后国家,如对约旦南部医疗废弃物管理的调查,得出医疗废弃物管理存在不合理操作,应该加强培训,建立全员参与的管理模式。对苏丹和尼日利亚的巴丹医疗废弃物管理中存在的问题及发展的前景进行分析,得出医疗废弃物的相关主体如回收企业、医院及政府三方要加强合作,不仅要有可持续发展的制度和政策,更要加强监督、执行力度,减少医疗废弃物管理各环节对人类和环境造成的风险。Patience、Akinwale 等、Yong 等研究加纳地区公立和私立医院、尼日利亚西南的伊巴丹、朝鲜医疗废弃物的管理,通过对尼日利亚阿布贾大学教学医院的 131 位医护人员半结构化自填问卷调研发现:医护人员关于医疗废弃物管理的知识高,但实践不够。Alam 等、Masum 等利用实地调查,并采访了相关主管部门和参与管理人员,表明缺乏认识和财政支持是医疗废弃物管理不当的原因。Joseph 等的研究表明医疗废弃物管理要加强培训、异地运输要有报告、使用不同颜色的容器、增加必要的设施等才能提高医疗废弃物管理的规范性。Balachandran 指出印度每年有 63% 的医疗废弃物为生物医疗废弃物,由于资金问题没有相应的设施处理这些医疗废弃物,造成了医疗废弃物随意倾倒的结果,给环境带了危害,提出要建立一体化的处理设施。Singh 研究了在印度牙科生物医疗废弃物的管理现状。

在研究医疗废弃物的特性及处理过程中废弃物性质的变化方面,Sobia 等通过研究发现,巴基斯坦医院医疗废弃物中 90% 为一般医疗废弃物,10% 为感染性医疗废弃物,指出目前废弃物管理中的问题为培训不足、对感染性医疗废弃物组成成分认识缺乏、医疗废弃物的风险认识不足。Wen 等对日本、欧盟、中国和美国医疗废弃物的分类、运输和处理系统进行了比较,得出医疗废弃物的分类是相似的,欧盟和日本已经形成了一体化的医疗废弃物分类系统,中国应该学习欧盟医疗废弃物处理系统,在微观水平上关注了医疗废弃物管理申报和登记,在宏观水平上关注医疗废弃物总量。Chintis 等研究印度废水处理工厂细菌数量的变化。

2)国内的研究

我国作为世界上最大的发展中国家,学者们也进行了相关研究。如 Zhang Yong 等通过问卷调查方式对南京市医疗废弃物管理进行定量分析。

Lingzhong Xu 等及 Haojun Zhang 等分别对山东省、甘肃省医疗废弃物管理的现状进行研究,提出了从资金、行政管理、技术层面加强医疗废弃物管理的建议。张浩军等对甘肃省 47 所不同级别医疗机构医疗废弃物管理现状进行了调查与分析,结果表明只有 36.1% 的医疗机构能规范执行制度,有 36 所医院采用焚烧方式自行处置医疗废弃物。李慧娟等通过分析医务人员对医疗废弃物管理的认知与态度,得出不同职业医务人员对医疗废弃物管理认知有显著差异,如对山东省、安徽省医疗机构管理情况及人员认知水平调查,得出医疗机构护理人员对医疗废弃物基本知识有一定的认知。护理人员认知度在以下方面较高:暂存处的环境卫生、相关人员安全防护和运送工具消毒等;认知度较低的方面为:医疗废弃物登记资料保存时间、医疗机构违反管理条例后需要承担的法律责任、处置单位资质认定等。张浩军等对农村地区医疗废弃物处理现状进行调查分析,采用问卷方式对甘肃省会宁县 4 个乡镇的人群进行调研,了解农村地区医疗废弃物处理现状和农村地区人群对医疗废弃物管理有关法律法规的知晓情况及其接触医疗废弃物的机会与程度,得出农村地区人群对《医疗废物管理条例》的知晓率低,但人群接触医疗废弃物的机会多,医疗废弃物的随意丢弃现象严重,应加大相关政策的宣传力度,制定适宜的处理方法,提高并完善农村医疗废弃物科学化的管理。吕明远对 72 家基层医疗机构采取随机抽样的方法进行问卷调查,了解医疗机构对医疗废弃物规范化管理的认知度。姜萍等对住院者及其家属进行医疗废弃物认知调查。

对医疗废弃物的特征性状进行分析,如:魏世刚等分析医源性感染的因素并进行预测;杜凌燕研究了医疗废弃物在手术室分类的现状及问题;何敏芝等研究了对手术室保洁人员如何加强防护和教育;孔丽丽等研究了价格较贵的肿瘤类药品废弃物回收中存在的问题。

从管理科学的角度系统分析,以具体省份、地区为研究对象进行实证分析。如贺政纲、刘沙以成都市金牛区为例建立了带时间窗的车辆路径优化模型,并以回收时间最短为目标函数,采用蚁群算法进行求解。石丽红从回收处理模式的构建、处理的技术方案及管理信息系统架构、网络选址和车辆路径优化 4 个方面研究了城市医疗废弃物回收处理模式。阎辛酉对大连瀚洋公司医疗废弃物回收处置系统现状进行分析,构建医疗废弃物逆向物流系统架构,对系统的各个组成部分和运输子系统的运输路径进行了优化,最后提出了具体的对策和建议。戴佩芬提出开环型经济模式中加入逆向物流的管理,形成闭环的经济模式,对医疗机构产生的医疗废弃物进行回收、处理和再利用。赵经纬在对医疗废弃物回收中的模糊定位—路径—库存问题研究中,把医疗废弃物回收分为感染性和非感染性回收,建立模糊多目标

LRIP 模型,解决感染性医疗废弃物回收问题;建立模糊 LRIP 模型解决非感染性医疗废弃物回收问题,用启发式算法通过算例证明模型的有效性,并对相关参数进行了灵敏度分析。王梅、王珏提出采用第三方医疗废弃物回收处理企业参与的医疗废弃物逆向物流运作模式,建立了车辆路径优化模型,并用案例做了实证分析。王绍仁以绿色经济、逆向物流为视角建立福建省泉州市医疗废弃物回收中心定位-分配模型,并提出优化决策方案。

1.2.3.2　对医疗废弃物管理的效果及风险进行诊断评估

国外对医疗废弃物管理及风险的研究,如对约旦北部城市定性和统计分析得出,医疗废弃物管理与发达国家相比没有合适的方法、对应废弃物的分类没有相应的制度和指导等问题,又对巴西圣保罗市实行医疗废弃物管理计划实行一年后各项定性指标和定量指标的变化比较,得出实行废弃物管理计划项目后医疗废弃物的产生总量下降,感染性医疗废弃物的比例降低,人员的操作更安全。对医疗废弃物管理中存在的风险进行鉴别、评估、控制,达到降低风险的目的,如根据巴尔干半岛医疗废弃物风险管理的目标,通过统计测试,找出管理各环节产生的风险,达到有效降低风险的效果。如 Liu 等、Kumar 等、Sapkota 等、Mochungong 均对医疗废弃物管理的有效性进行评估或者对医疗废弃物管理的风险进行评估;Pereira 等对暴露在医疗废弃物中的工人的血液和基因毒性进行研究;Liao 等通过问卷调查对医院医疗废弃物处理外包存在的风险进行分析;Akpieyi 等研究了英国医疗废弃物设施存在的风险,如接触锐器、传染病原体等,最多的风险发生在病房,护士更容易被锐器伤害,在分析的基础上,讨论了风险管理的措施。

国内对医疗废弃物管理及风险的研究文献较少,如姒怡冰等采用效应法通过头脑风暴法分析医疗废弃物管理中的实效风险,并提出控制风险的措施。

1.2.4　已有研究的不足

综上所述,尽管我国关于医疗废弃物管理文献的研究在技术、管理方面取得了一定的进展,但尚存在以下不足:①我国对废弃物的研究主要在电子废弃物和固体废弃物的研究,集中在废弃物的回收现状、存在问题、影响因素等方面的研究,缺乏对废弃物回收处理的分类、运输、处理等各环节的全局性、系统性的整体把控。②对于医疗废弃物的处理文献集中在定性研究的层面,且会议论文较多,实践性、操作性强,理论性差,研究不够深入。③虽然对城市医疗机构医疗废弃物管理现状调研的文献较多,但针对农村医疗废弃物管理的文献较少,且对农村废弃物的研究集中在生活垃圾和固体废弃物的处理方面,由于农村相对城市医疗废弃物具有独特性,城市和农

村经济发展水平、社会、生态环境不同,采用的废弃物管理的方法也应有所不同,对于此方面的研究文献相对缺乏。

1.3　研究内容和方法

1.3.1　研究目标

本研究对减少医疗废弃物的产生、降低医疗废弃物对人类危害和环境污染、促进废弃物循环利用、促进我国经济的可持续发展都具有重要作用。通过调研了解农村医疗废弃物管理的现状及存在问题,进行影响因素驱动力分析,明确农村医疗废弃物回收处理系统构建的必要性,并构建该系统,着力于提升医疗废弃物回收处理的科学性、系统性和动态性。从分类回收、暂存处选址、车辆路径优化及信息技术应用4个方面进行优化,探讨农村医疗废弃物管理运作流程优化,旨在为农村医疗废弃物回收管理提供理论依据和方法模型,有针对性地提出农村医疗废弃物管理的建议,使废弃物回收处理更加科学合理。具体来讲可以分为以下几个目标:①建立一套科学、动态的医疗废弃物回收处理模式,使资源得以充分循环利用;②建立医疗废弃物暂存处选址模型、车辆路径优化模型,设计启发式算法并求解模型,并通过案例验证模型及算法的有效性,达到降低处置企业成本、提高管理效率的目标。

1.3.2　研究内容

本研究以农村县级、乡镇卫生院和村卫生所为对象,通过问卷调查、个案分析、访谈等方法系统地了解医疗废弃物回收处理现状,在分析废弃物回收处理系统理论框架的基础上,从医疗废弃物的分类回收、设施构建、关键技术、运输路径优化4个方面,探讨医疗废弃物回收处理的优化方法,并以实际案例完善农村医疗废弃物管理体系,旨在为农村医疗废弃物管理和运行及政府管理监督提供决策支持。具体内容如下所述。

1.3.2.1　概述

提出选题的背景和研究意义;综述国内外该问题的研究成果,在此基础上,分析现有研究的不足;阐述论文的主要研究内容及技术路线。

1.3.2.2　农村医疗废弃物管理现状及驱动力分析

对河南省农村医疗机构进行问卷调查,收集原始数据,对结果进行描述性统计分析。并在此基础上,选择有代表性的医疗机构进行个案分析、深度访谈。分析医疗废弃物回收处理的现状,并从政治、经济、技术等角度分析

实施医疗废弃物回收处理的驱动力。

1.3.2.3 农村医疗废弃物回收处理系统的构建

以循环经济为导向,提出一种综合考虑社会效益和经济效益的医疗废弃物回收处理模式,着眼于节约成本、优化资源配置、减少医疗废弃物对人类健康和环境的危害,促进我国社会经济的可持续发展,从博弈论和经济学角度分析农村医疗废弃物处理系统构建的必要性,并优化系统。①分析现有回收处理系统的问题,抓住农村医疗废弃物的分类回收、暂存处选址、信息技术应用和车辆路径优化 4 个关键问题进行优化。②以"减量化、再利用和资源化"为目标,构建与优化系统的框架。

1.3.2.4 废弃物分类回收的优化

以减量化为目标,参考日本等发达国家的医疗废弃物分类方法,结合农村医疗废弃物的构成特点,提出农村医疗废弃物的分类法;从环境行为的视角分析影响农村医疗废弃物合理分类的因素,运用系统动力学方法构建模型,仿真各影响因素对感染性医疗废弃物产生量的影响,为政府制定政策提供依据。

1.3.2.5 废弃物回收网络选址优化

在对逆向回收物品物流网络特点的分析基础上,分别设计了感染性、一般性和可循环利用的废弃物 3 种废弃物的回收网络,并重点对感染性医疗废弃物回收网络进行研究。分析了医疗废弃物的特点、公共设施选址的要求等,构建渐进覆盖模型解决暂存处选址问题,在比较各求解方法算法的科学性、可行性、兼容性的基础上,选择遗传算法求解,并通过案例验证模型及算法的有效性。

1.3.2.6 废弃物回收车辆路径优化

在对医疗废弃物车辆路径优化影响因素分析的基础上,结合暂存处的位置、收集时间、农村路面交通状况等,建立有容量和时间窗约束的车辆路径优化模型,并以具体省份的农村为例建立模型求解,确定车辆运输最佳路径,验证了模型的有效性。

1.3.2.7 医疗废弃物处理回收的关键技术

首先介绍目前在物流信息技术中应用广泛的技术,如 RFID 技术实现了医疗废弃物的识别、追踪与溯源功能;GPS 系统实现了对医疗废弃物收运车的全程跟踪、即时监控等功能;GIS 实现了可视化控制管理功能。在考虑社会环境、经济环境、生态环境的基础上,分析各技术的适用性,选择适合农村的医疗废弃物处理技术,并构建了多级协作的信息技术平台框架。

1.3.2.8　结论与建议

本部分在归纳结论的基础上,结合医疗废弃物回收处理的方法提出建议,为政府决策提供依据。

1.3.3　研究方法

1.3.3.1　调查问卷与半结构化访谈法

通过问卷调查、专家访谈,了解我国农村医疗废弃物回收处理的现状及存在问题。

1.3.3.2　以感染性医疗废弃物减量化为目标,构建系统动力学模型

从环境行为角度,分析影响减量化的因素,用系统动力学方法,构建感染性医疗废弃物产生量模型,仿真如政府制度、医务人员态度等对医疗废弃物减量化的影响。

1.3.3.3　在系统构架必要性分析时,运用合作博弈理论

分析合作与非合作博弈的收益差异及对环境的影响程度,得出政府、医疗机构、废弃物处理机构三方合作的必要性。

1.3.3.4　构建暂存处渐进覆盖选址模型

构建三类农村医疗废弃物的回收处理网络,重点以感染性医疗废弃物为对象,结合农村医疗机构的分布特点、交通环境等因素,拟采用直线距离,在考虑经济效益和环保效益的基础上,构建多目标渐进覆盖模型,此模型为NP问题,拟用改进遗传算法求解。

1.3.3.5　构建车辆路径优化模型

由于医疗废弃物的特殊性,运输时除具有一般医疗废弃物的要求外,还具有严格的时间限制,因此以车辆的固定成本、运输成本和最小作为目标函数,建立带时间窗的车辆路径优化模型,此模型也为NP问题,由于蚁群算法具有搜索效率高且鲁棒性好的特点,因此用改进蚁群算法求解,并以案例验证算法的可行性和有效性。

1.3.3.6　案例分析法

选择我国河南省农村医疗废弃物回收为研究对象,对其废弃物回收的分类、包装、运输进行调查和分析,验证构建的医疗废弃物回收处理系统的有效性。

1.4　技术路线

本文技术路线见图1-1。

```
                        ┌─────────────────┐
                        │    问题提出      │
                        └─────────────────┘

  ┌─────────────┐      ┌─────────────┐      ┌─────────────┐
  │  文献查阅   │      │  理论基础   │      │  实际调研   │
  └─────────────┘      └─────────────┘      └─────────────┘

              ┌───────────────────────────────────┐
              │  回收处理现状、问题及驱动力分析    │
              └───────────────────────────────────┘
```

┌───┐
│ ┌───┐   │
│ │ 农村医疗废弃物回收处理系统的理论框架   │   │
│ └───┘   │
│ ┌───┐   │
│ │ 回收系统现状及构建的必要性   │   │
│ │ 回收处理系统功能   │   │
│ │ 系统设计与优化   │   │
│ └───┘   │
└───┘

┌───┐
│ ┌──────────┐ ┌────────────┐ ┌──────────┐ ┌────────────┐ │
│ │ 分类回收 │ │设施配置优化│ │ 路径优化 │ │关键信息技术│ │
│ └──────────┘ └────────────┘ └──────────┘ └────────────┘ │
│ ┌──────────┐ ┌────────────┐ ┌──────────┐ ┌────────────┐ │
│ │废弃物组成│ │ 设施特征   │ │问题分析 │ │关键技术   │ │
│ │农村废弃物│ │ 影响因素   │ │模型建立 │ │技术适用性 │ │
│ │分类   │ │ 模型建立   │ │求解   │ │信息技术应用│ │
│ │减量化   │ │   │ │   │ │   │ │
│ └──────────┘ └────────────┘ └──────────┘ └────────────┘ │
└───┘

                    ┌─────────────────────┐
                    │   研究结论与建议   │
                    └─────────────────────┘

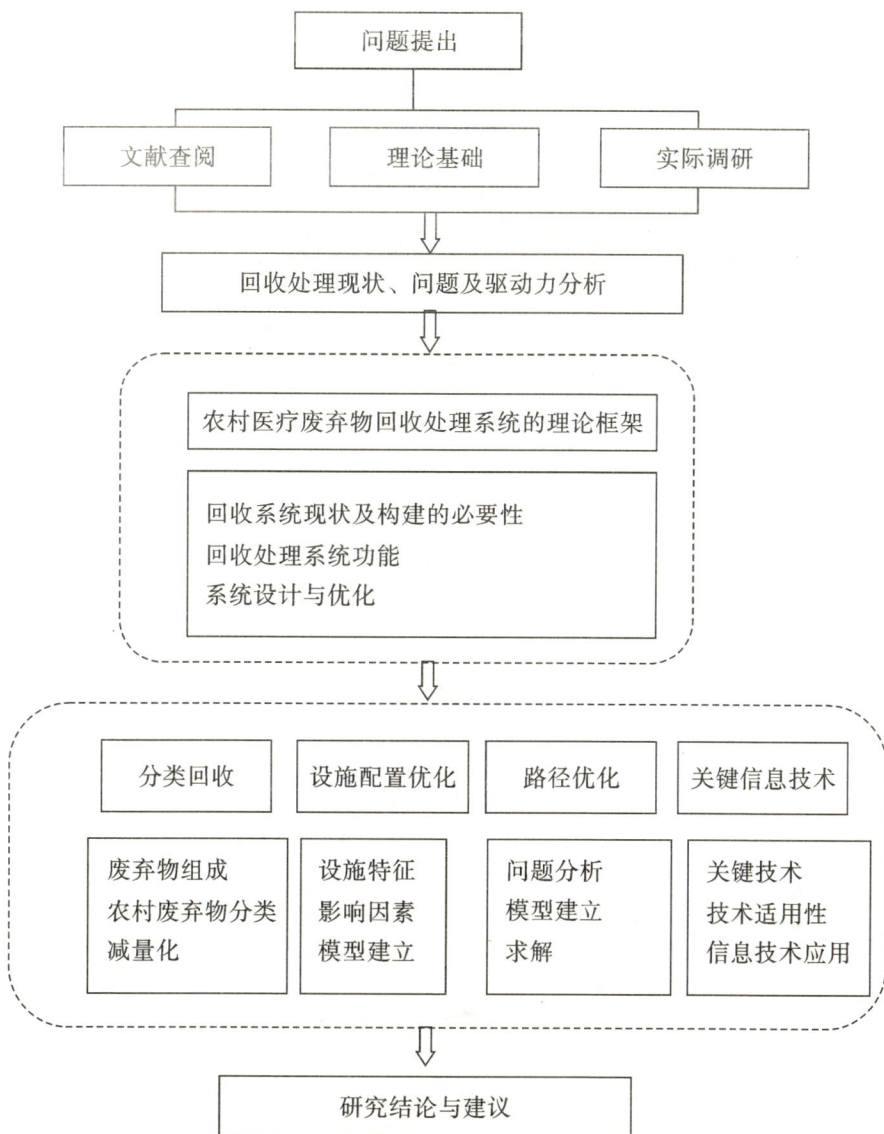

图 1-1　本文技术路线

第2章

农村医疗废弃物管理的现状及问题分析

2.1 农村医疗废弃物的相关概念及特征

2.1.1 医疗废弃物的定义

按照世界卫生组织的定义,医疗废弃物(medical waste)是医疗过程中的副产品,指医疗机构产生的所有废弃物,包括医用利器、非利器、血液、身体的一部分、化学制品、药物、医疗器械和放射材料等。

医疗废弃物在我国2003年颁布的《医疗废物管理条例》中的定义为:医疗机构在医疗、保健、预防及其他相关医疗活动中产生的废弃物,这些废弃物具有直接或间接感染性、毒性和危害性。

农村医疗废弃物,这里指县、乡镇及村卫生机构产生的医疗废弃物,由于我国农村地区分布不均匀,有些相对较为偏远,人口较少,加上城镇化率的提高,这些地区人口会逐渐聚集。因此该研究的对象为:距离中心城市或大城市较近的县、乡镇及村卫生机构产生的医疗废弃物。这样的研究更具有普遍性和前瞻性。

2.1.2 医疗废弃物的特征及危害

2.1.2.1 医疗废弃物的特征

医疗废弃物被国际上列为"顶级危险",也被我国在《危险垃圾名录》中列为1号危险垃圾。医疗废弃物携带病菌数量较大、种类较多,与普通生活垃圾不同,具有如下特征。

1）感染性

由于医疗废弃物携带大量的细菌、病毒、真菌、寄生虫等病原体，是致病和污染的双重载体，如果这些病原体侵入人体，会引起局部组织和全身性炎症反应。

2）传染性

传染性指病原体从宿主排出体外后到达新的感染者体内的过程。医疗废弃物在分类、回收、储存、运输和处理过程中，其中的病原体如病菌、病毒或化学试剂等可能会随水分的蒸发进入大气，或者经地表径流进入水体，经雨淋进入土壤和地下水，对大气、水体和土壤造成破坏，从而导致病原体从有病的生物体侵入到其他的生物体内，造成空间传染、交叉传染和潜伏传染等。

3）腐蚀性

接触医疗废弃物能造成生物细胞组织可见性破坏或不可治愈的变化，从而对生物体构成危害。

4）增量性

增量性是指伴随着经济增长和人们消费结构的变化，对个人健康的关注度逐渐提高，医疗机构的数目增多，医疗废弃物的产生量也逐年增多。

2.1.2.2 医疗废弃物的危害

医疗废弃物含有潜在的有害微生物，若管理不严格或处置不当，极易成为传播病毒的源头，具有耐药性的微生物还可以从医疗卫生机构传播到环境中，引起社会危害，造成环境污染。不仅导致土壤、水和空气等多方面的严重污染，甚至会危害健康或造成死亡。医疗废弃物具有如下危害。

1）对社会环境的危害

如果医疗废弃物混入普通垃圾，采用直接倾倒的方式，直接暴露在空气中，极易对接触者造成伤害，引起感染、传染等问题。如辐射灼伤、利器伤害、抗生素和细胞毒性药物而导致的中毒和污染。

2）对环境的危害

目前医疗废弃物最后处置多采用焚烧、干化学方式，如果采用焚烧方式，焚烧过程中会产生高浓度的二噁英等化学物质，二噁英具有很强的吸附性，通过吸附在颗粒上，通过大气、水源等进入植物链和食物中，产生巨大的危害；如果采用干化学处理后再填埋的方式，不仅占用土地而且污染土壤环境。如果医疗废弃物堆放不当或者无防漏措施的填埋，医疗废弃物中的有毒成分会进入土壤杀死土壤中的微生物，从而破坏土壤结构，影响植物生长。

3）世界卫生组织统计的医疗废弃物危害事件

世界卫生组织 2011 年的 253 号文件指出卫生机构产生的医疗废弃物中

约80%属于一般医疗废弃物,约20%为具有传染性、毒性或者放射性的危险物质。并指出传染性和解剖废弃物占危险废弃物的绝大部分,占医疗废弃物总量的15%。利器约占医疗废弃物总量的1%,但若不加以妥善管理将成为疾病传播的主要渠道。化学品和药品约占医疗废弃物总量的3%,而基因毒性废弃物、放射性物质和重金属成分则约占医疗废弃物总量的1%。世界卫生组织统计了较大的医疗废弃物引起的伤害事件,分类说明了各种医疗废弃物的潜在风险类型,如表2-1所示。

表2-1　世界卫生组织统计的医疗废弃物的危害

医疗废弃物类型	危害事故及风险
利器	• 在2000年因使用被污染的注射器注射,导致乙肝病毒感染病例2 100万,丙肝病毒感染病例200万,艾滋病毒感染病例26万 • 在非洲、亚洲及中欧和东欧某些国家,重复使用一次性注射器和针头的现象比较常见 • 清理废弃物处置场和废弃物分类时,废弃物处理者面临被针头扎伤和接触有毒或传染性物质的直接风险
疫苗废弃物	• 2000年6名儿童在俄罗斯符拉迪沃斯托克一家垃圾场玩含有过期天花疫苗的玻璃安瓿后,被诊断患有轻度的天花(牛痘病毒) • 疫苗安瓿在被弃置之前本应处理
放射性废弃物	• 公众接触到没有妥善处置的放射性废弃物引起的严重事故 • 1988年巴西的事故(4人死亡,28人受到严重辐射灼伤),1983年墨西哥和摩洛哥的事故,1978年阿尔及利亚的事故和1962年墨西哥的事故
废弃物处置	• 废弃物处置过程中有毒污染物释放到环境中造成间接健康风险 • 废渣填埋地构建不当会污染饮用水 • 废弃物处置设施设计、运行不当造成职业风险 • 焚烧废弃物温度不够、焚烧不充分或焚烧不适合的材料引起的不良健康反应
废弃物管理	• 废弃物管理不当主要表现 • 国家没有适当的法律和法规,法规没有得到执行,对废弃物的危害认识不足,妥善管理废弃物的培训不足,缺乏废弃物管理和处置系统,财政和人力不足 • 没有明确废弃物的归属问题和处置责任

4）我国医疗废弃物危害典型事件

在我国由于没有妥善处置医疗废弃物引起的典型案例有：如 1988 年上海，人们食用了被医院带病毒的污水污染的毛蚶，爆发了甲型肝炎；又如因水源污染引起的危害事件有，抚顺市结核病医院水源被污染，造成 300 人患结核病，吉林市江北地区水源被污染，造成伤寒流行，400 人发病，5 人死亡。

除了这些典型事件外，还有医疗废弃物混入普通垃圾造成垃圾回收人员被利器扎伤、腐蚀性物品灼伤等问题。

2.2　农村医疗废弃物管理的现状

2.2.1　调查问卷设计

本部分通过问卷调查和访谈形式，了解农村医疗废弃物管理的现状。问卷在世界卫生组织医疗废弃物管理调查问卷基础上，结合我国的现状进行适当修改。问卷设计的目的是为了全方位地了解我国城市和农村医疗废弃物管理的现状。调研对象为与医疗废弃物处理相关的人员，包括医生、护士、管理人员等。医疗机构为：市级医院、县级医院、乡镇卫生院、村卫生室。问卷的填写由医学院校卫生事业管理专业的学生进行，可以保证问卷填写的专业性，提高了问卷调研的质量。问卷从医疗废弃物的分类、收集、运输和处理等 4 个方面，对我国医疗废弃物的状况进行全面调研。

2.2.2　调查问卷分析

共发放问卷 200 份，回收有效问卷 136 份，回收率为 68%，其中省市级医院调查问卷 22 份，县级医院 38 份，乡镇级医院 26 份，村卫生室 50 份。

2.2.2.1　典型问题描述性统计

在对回收问卷进行全面分析的基础上，选出典型问题，进行描述性统计，结果如表 2-2 所示。从表中的统计数据可以看出，省市级医院、县级、乡镇级和村级医疗废弃物的管理呈现逐渐变差趋势。

表 2-2   问卷典型问题描述性统计

问题类型	村卫生室 n=50	乡镇级医院 n=26	县级医院 n=38	省市级医院 n=22
1.医院产生的主要医疗废弃物为:①感染性 ②损伤性 ③病理性 ④药物性 ⑤化学性	选项包括①的占34.78%	选项包括①的占61.54%	选项包括①的占73.68%	选项包括①的占92%
2.收集时做了保护措施或者专门的手套:①是 ②否	选①74%,选②占26%	选①占57.69%,选②占42.31%	选①占55.26%,选②占44.74%	选①占45.45%,选②占54.55%
3.医疗废弃物最后处理方式:①就近填埋 ②就近焚烧 ③倾倒 ④统一回收	选①、②占91%,选③占9%	选①、②占19.23%,选③占19.23%,选④占61.54%	选①、②占26.32%,选④占73.68%	选④占100%
4.医疗废弃物分类、收集、处置等是否有专人负责:①是 ②否	选①占17%,选②占83%	选①占42.3%,选②占57.7%	选①占76.32%,选②占23.68%	选①占100%
5.医疗废弃物处置相关人员是否接受培训:①是 ②否	选①占52%,选②占48%	选①占42.3%,选②占57.7%	选①占34.21%,选②占65.79%	选①占55%,选②占45%
6.新进员工是否接受培训:①是 ②否	选①占57%,选②占43%	选①占34.62%,选②占65.38%	选①占44.74%,选②占55.26%	选①占85%,选②占15%
7.医疗废弃物分类、收集、处置人员是否有具体的工作职责:①是 ②否	选①占57%,选②占43%	选①占42.3%,选②占57.7%	选①占65.79%,选②占34.21%	选①占68%,选②占32%
8.是否知道废弃物管理的法规:①是 ②否	选①占34%,选②占66%	选①占19.23%,选②占80.77%	选①占21.05%,选②占78.95%	选①占40%,选②占60%
9.是否有手册或者指南:①是 ②否	选①占100%	选①占11.54%,选②占88.46%	选①占42.11%,选②占57.89%	选①占35%,选②占65%
10.是否有废弃物管理的长远计划:①是 ②否	选②占100%	选②占100%	选①占5.26%,选②占94.74%	选①占38.56%,选②占61.44%
11.是否有废弃物管理的团队:①是 ②否	—	选②占100%	选①占15.79%,选②占84.21%	选①占45.45%,选②占54.54%
12.是否有内部监督人员:①是 ②否	选①占48%,选②占52%	选①占23.08%,选②占76.92%	选①占39.47%,选②占60.53%	选①占37%,选②占63%
13.是否有外部监督人员:①是 ②否	选①占34%,选②占66%	选①占42.3%,选②占57.7%	选①占34.21%,选②占65.79%	选①占37%,选②占63%

2.2.2.2　对问卷分类讨论

对于问卷,分为以下几个角度,具体对医疗废弃物管理的现状进行

探讨。

1)废弃物的分类、收集、储存和处理

对于废弃物是否正确分类,从表2-3中可以看出,村卫生室的分类比例较低,只有32%;乡镇级和县级分类比例接近于46%、47%;省市级分类比例相对较高为54.55%。说明医疗废弃物的分类有待进一步提高,农村地区尤其需要提高。

对于废弃物容器上是否有专门的标签和利器是否专门放入利器盒两个问题的回答,村级和乡镇级医院的比例完全相同,说明废弃物容器有专门标签的较少,利器没有专门分类处置。县级医院的废弃物容器有标签的比例也较低为15.79%;省市级医院相对较高为54.55%。县级医院的利器是否专门放入利器盒的比例为21.05%;省市级医院利器分类比较好,高达81.82%。

对于回收时间的问题,村卫生室最差,没有按照约定的时间;乡镇、县级分别为7.69%和31.58%,比例也较低;省市级医院完全按照时间要求收集。

表2-3 废弃物的分类、收集、储存和处理

问题类型	村级 n=50(%)	乡镇 n=26(%)	县级 n=38(%)	省市级 n=22(%)
废弃物是否正确分类	16(32)	12(46.15)	18(47.37)	12(54.55)
废弃物容器上是否有标签	6(12)	4(15.38)	6(15.79)	12(54.55)
利器是否专门放入利器盒	6(12)	4(15.38)	8(21.05)	18(81.82)
处置方法				
• 就近填埋	10(20)	2(7.69)	0(0)	0(0)
• 就近焚烧	36(72)	4(15.38)	10(26.32)	0(0)
• 倾倒	12(24)	6(23.08)	0(0)	0(0)
• 统一回收	12(24)	14(53.85)	28(73.68)	22(100)
正确的回收时间	0(0)	2(7.69)	12(31.58)	22(100)

为了进一步分析4个医疗机构废弃物的分类、收集、储存和处理的变化趋势,对表中内容做趋势分析。从图2-1可以看出,医疗废弃物分类、标识和锐器盒使用情况3条曲线的趋势相同,村级最低,省市级较高,同时在村级、乡镇和县级医院,医疗废弃物的分类较锐器盒、标识的使用百分比较高。

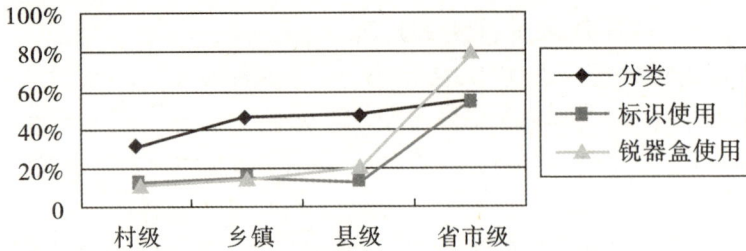

图 2-1　医疗废弃物分类、标识和锐器盒使用情况

村卫生室医疗废弃物的处理方式有 4 种,就近填埋、就近焚烧、倾倒和统一回收,主要采取的方式为焚烧达到 72%,统一回收为 24%,但没有达到国家规定的 24 小时必须回收的要求。乡镇卫生院统一回收达到 53.85%,只有 7.69% 的医疗废物按规定时间回收。县级医院由于距离等因素也没有达到 100% 回收。从图 2-2 看出,在村级、乡镇和县级医院都有不同程度的焚烧现象,村卫生室最多,同时村级和乡镇医院有医疗废弃物随意倾倒现象。

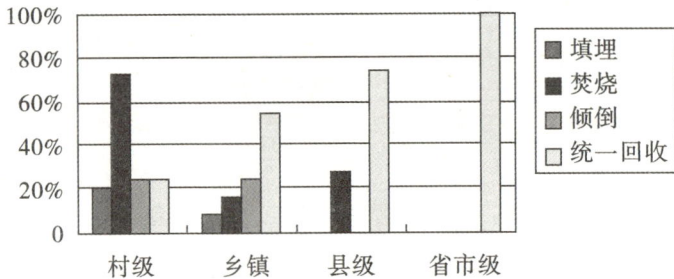

图 2-2　医疗废弃物的回收方式

2)医疗废弃物相关人员保护措施及培训状况

对于防护措施及专门手套,村卫生室的比例较高为 68%,乡镇和县级的略低为 53.85% 和 52.63%,省市级的比例最高为 81.82%;对于是否接受培训和新进员工是否培训两个问题,也呈现出村卫生室比例相对比乡镇、县级医院高,省市级医院培训最好。对工作职责的详尽描述,按村卫生室、乡级、县级和省市级,从 44% ~54.55%,基本呈现依次增长的趋势(表 2-4)。

表2-4　医疗废弃物相关人员保护措施及培训状况

问题类型	村级 $n=50$(%)	乡镇 $n=26$(%)	县级 $n=38$(%)	省市级 $n=22$(%)
防护措施及专门手套	34(68)	14(53.85)	20(52.63)	18(81.82)
是否接受过培训	26(52)	10(38.46)	16(42.11)	14(63.64)
新进员工是否培训	28(56)	12(46.15)	16(42.11)	18(81.82)
对工作职责的详尽描述	22(44)	14(53.85)	18(47.37)	12(54.55)

从图2-3发现,保护、培训和新员工培训3条曲线的趋势相同,均表现为村卫生室高于乡镇和县级医院,主要原因为村卫生室一般规模为1~5人,医疗废弃物的处理过程基本全部由医务人员完成,他们有一定的医疗废弃物管理知识,在收集时注意采取相应的保护措施,而乡镇医院和县级医院的医疗废弃物由后勤人员或清扫垃圾的人员负责,他们一般学历较低,没有相应的知识,不注意采取相应的保护措施。省市级医院医疗废弃物的处理由医务人员和物业公司专业人员负责,专业化程度较高,相应的保护措施也比较到位。但对于培训和新员工培训,村卫生室虽高于乡镇和县级,但对于多长时间培训一次的回答多为半年和一年,间隔期较长,村卫生室规模较小,新员工也需要处理医疗废弃物,所以新员工培训率也较高。

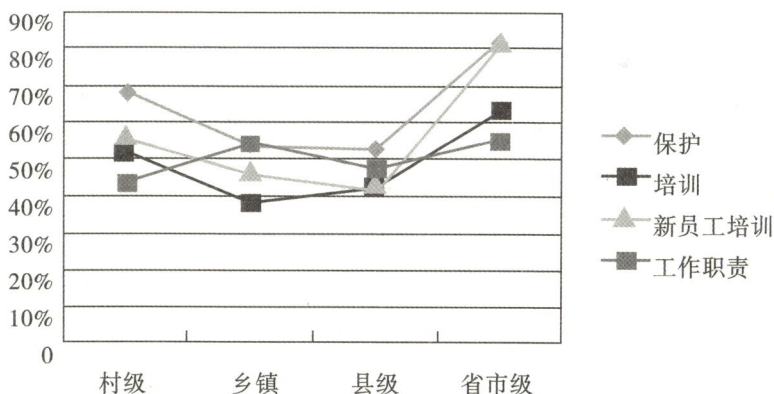

图2-3　相关人员管理

3)医疗废弃物管理的法规政策

对于是否能列出具体的法规,这个答案真实地反映废弃物管理相关人员对法规政策的掌握程度,村级的比例为44%,乡镇和县级为30.77%和26.32%,省市级比例较高为54.55%。对于是否有废弃物管理的手册或指

南,村级和乡镇级比例为64%和46.15%,县级为63.16%,省市级较高,为90.9%。村级和乡镇级医院没有长远的计划,县级15.79%的医院有长远计划,省市级36.36%的医院有长远计划。村级和乡镇级有团队的比例也较低,省市级医院有团队的较高。对于内部监督问题,自身监督做的较好的为省市级医院为54.55%,比例也不算高,村级、乡镇级和县级监督分别为20%、23.08%和31.58%。省市级的外部监督相对较高为54.55%(表2-5)。

表2-5 医疗废弃物管理的法规政策

问题类型	村级 $n=50(\%)$	乡镇 $n=26(\%)$	县级 $n=38(\%)$	省市级 $n=22(\%)$
是否能列出废弃物的法规	22(44)	8(30.77)	10(26.32)	12(54.55)
是否有废弃物管理的手册或指南	32(64)	12(46.15)	24(63.16)	20(90.9)
• 是国家文件	11(22)	10(38.46)	12(31.58)	12(54.55)
• 医院自己的规定	10(20)	2(7.69)	12(31.58)	10(45.4)
是否有管理长远计划	0(0)	0(0)	6(15.79)	8(36.36)
是否有管理的团队	2(4)	2(7.69)	6(15.79)	14(63.64)
是否有内部监督人员	10(20)	6(23.08)	12(31.58)	12(54.55)
是否有外部监督人员	12(24)	8(30.77)	10(26.32)	12(54.55)

从图2-4看出,列举法规和手册使用情况,两条线的趋势是一样的,省市级医院的条例和手册知晓率较高,村级高于乡镇和县级;医疗废弃物的管理长远计划和团队,村级和镇级几乎没有计划和团队,县级医院只有15.79%有计划和团队,省市级医院的计划和团队比率也不高。内外部监督的情况说明,监督力度不够大,村、镇级医院外部监督大于内部监督,县市级医院的内部监督相对较好。

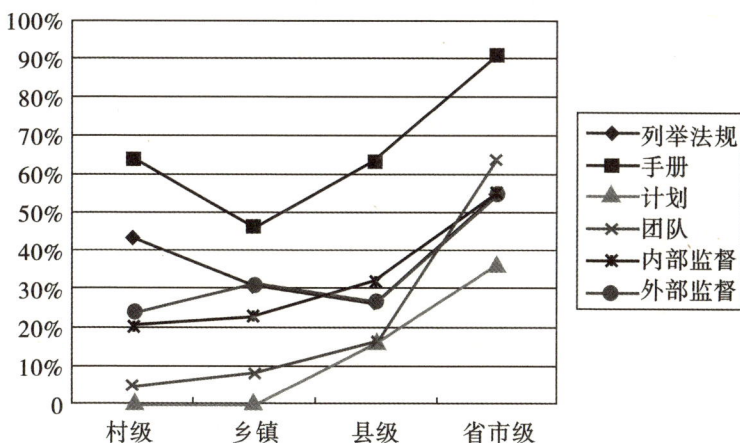

图2-4 《医疗废物管理条例》

2.2.3 问卷反映的废弃物管理的突出问题和有效管理措施

对于问卷的回答进行汇总,仍然按照村级、乡镇级、县级和省市级医疗机构进行分类,描述存在的问题及措施。

2.2.3.1 村卫生室管理中的主要问题及措施

1)主要问题

村卫生室的问题主要集中在人员和处置两个方面,具体为:①人员缺乏,无专门医疗废弃物收集人员,人员专业程度不高,处置人员多为初中毕业,环境保护意识不强,缺少相关专业人士指导规划;且没有专业人员监督管理,监督不到位,分工不明确,方法不够多样。②对废弃物的处置不规范,分类不具体,如塑料针管、塑料输液器、针头等,随意处置;不同类型医疗废弃物混装;医疗废弃物容器摆放和标识不当,医疗废弃物容量过多等,村卫生室管理不规范,周边没有专门回收医疗废弃物的临时存储处,收集转运存在问题,不能达到统一回收处理的标准。

2)措施

提高管理者的道德水平和素质,加强废弃物分类处理的宣传力度,严格遵守医院的规章制度。有专门负责人,对医疗废弃物进行具体分类,做好统计报告,内外监督要到位。建立具体人员分配分工体系管理机制。

完善处理废弃物设施建设。加大相关处置设施的投入,建立医疗废弃物管理网络,强化医疗废弃物管理,强调医疗废弃物规范处理的重要性。加强医护人员培训,建立医疗废弃物管理组织。投入资金,强化培训,划分岗位,加大宣传力度,民众参与监督,建立多个回收站点,便于医疗废弃物处

理。医疗废弃物分类要准确、合理。

2.2.3.2 乡镇级卫生机构管理中的主要问题及措施

1)主要问题

对工作人员培训不到位,具体处理不够清晰,废弃物的处理缺乏科学管理和专业人士,废弃物处理人员具体工作内容不明确,相关知识缺乏,不分类,医疗废弃物直接倒掉,污染严重,处理不及时,分类不清晰,分派不明确,监督不力,具体分类工作没做好。

2)措施

对废弃物回收人员进行培训,增加对回收知识的了解,明确回收人员的职责范围,对其进行教育、管理、加以引导,处理人员分类知识培训,严格管理医疗废弃物的去留与处理方法,尽量做到清洁高效;对废弃物进行具体分类,废弃物要集中处置;组织专门人员进行专门管理,建立废弃物管理的监督机制,加强监督力度。

2.2.3.3 县级卫生机构管理中的主要问题及措施

1)主要问题

废弃物的分类不彻底,未明确分类,回收时没有专门的存储设施,浪费、污染严重,最后处理方式存在安全隐患,没有更有效的处理方法,随意丢弃,医疗废弃物处理不当,废弃物处理方法不科学,缺乏资金,缺少专业知识。

专业人员缺乏,医院患者逐渐增多,医疗废弃物也增多,而相关医疗废弃物处置人员相对缺乏,缺少相关专业人士指导,并且管理人员专业知识欠缺,缺乏对医疗废弃物的了解。

2)措施

建立完善法规制度,制订明确的分类、回收方法,实行专门统一分类收集,集中处理。健全管理、监督机制,进行有效的管理,对医疗废弃物人员培训和培养,划分岗位,提高医疗废弃物管理人员工作效率,明确监督人员具体职责,加强监督。

2.2.3.4 省市级卫生机构管理中的主要问题及措施

1)主要问题

浪费、污染、缺乏管理,对废弃物管理法规不重视,未分类处理,虽有专门科室,但其他科室的医生对相关管理了解不多。

2)相关措施

设置专门人员,加强管理,重视法规,加强内外部监督。

2.3　农村医疗废弃物管理存在的问题

通过对问卷客观题目的统计性分析和主观题目的梳理,总结农村与城市相比在医疗废弃物的收集、人员的安排和规章制度等方面,都存在问题,具体表现在以下几个方面。

2.3.1　从医疗废弃物的处理过程分析

2.3.1.1　分类与收集

与城市相比,农村医疗废弃物的分类、感染性医疗废弃物的容器上贴标签、利器放入专门的容器这三个方面均存在问题,村卫生室问题尤为突出。经过前面的调研数据发现,农村医疗机构存在自行处置、处置不规范问题,尤其是村卫生室基本没有统一回收,存在医疗废弃物随意买卖、随意倾倒现象。村卫生室管理不规范,周边没有专门回收医疗废弃物的临时存储处,收集转运存在问题,不能达到统一回收处理的标准。在已经建成的镇卫生院处置室和治疗室(药品、输液无菌区)70%没有分开,没有无菌盘,注射器没有放到无菌盘中,镇卫生院存在一次性输液瓶私自买卖现象。

2.3.1.2　人员的知识与培训

问卷反映,农村医疗废弃物相关人员对医疗废弃物的分类概念知晓率低,缺乏专业的分类回收人员,相关医疗废弃物的培训和新进员工的培训较少,没有专门的医疗废弃物管理人员,缺乏专业知识。

2.3.1.3 监督力度

通过内外部监督问题的调研,农村地区尤其是村卫生室监督环节尤其薄弱,基本没有任何监督措施,没有专门的负责和领导团队。如对村卫生室的检查为一个季度一次,检查包括:焚烧时间、要求有记录、要求焚烧量与进货量一致、自建焚烧炉。但访谈和调研发现,根本没有医疗废弃物的任何记录。

2.3.2　把农村医疗废弃物回收作为一个系统整体分析

如果把农村医疗废弃物回收作为一个系统来分析,存在的问题主要为以下几个方面。

2.3.2.1　系统的宏观环境

我们国家环境保护的意识正在加强,相关的法律法规政策已经出台或正在出台,但是针对医疗废弃物的政策法规相对薄弱,存在政策具备、执行

不到位现象。

2.3.2.2 从系统运行角度

如果把县、乡和村的医疗废弃物管理的运行作为系统,这个系统在乡级和村级出现严重脱节,是一个无法运行的系统,或者说不完备的系统,由于村卫生室的收集难度较大,被排除在系统之外。

2.3.2.3 从系统运行的条件

通过调研分析,系统运行的条件主要有政策的保障和支持及相关软件和硬件的配套,突出的问题为村卫生室的脱节和乡镇卫生所的部分脱节,需要政策的进一步细化,加强监督,同时相关的配套设施不具备,如医疗废弃物暂存处的设置、相关的医疗废弃物容器没有规范标准、分类要求模糊等。

2.4 农村医疗废弃物回收处理的驱动力分析

影响农村医疗机构实施医疗废弃物回收处理的因素主要有:政治法律环境、经济技术环境、社会文化环境、自然地理环境 4 个方面,如图 2-5 所示。

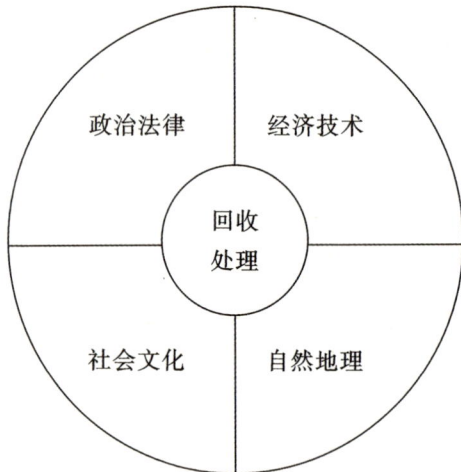

图 2-5 影响农村医疗机构实施医疗废弃物回收处理的因素

2.4.1 政治法律环境

我国越来越重视在经济发展的同时保护环境的重要性,十八大报告指出要开展生态文明建设,全面推进资源节约和环境保护。专门提到健全生

态环境保护的体制机制,减少污染物排放总量,形成人与自然和谐发展的现代化建设新格局。我国在 2014 年 4 月新修订了《中华人民共和国环境保护法》,指出环境保护要坚持保护优先、预防为主、综合治理、公众参与、损害担责的原则,提出采用的技术和措施要符合节约和循环利用资源、促进人与自然和谐的经济等要求,以达到保护和改善环境、防治污染和其他公害、保障公众健康、推进生态文明建设、促进经济社会可持续发展的目标。这些报告和法规都显示,我国党和政府越来越认识到环境保护的重要性,已经有明确的目标和具体的措施来保护生态环境,建立环境友好型社会。

我国与医疗废弃物相关的法律法规越来越细化,医疗废弃物被归为危险废弃物,应按国家有关危险废弃物的法律规定管理。如表 2-6 所示,为加强医疗废弃物的安全管理,防止疾病传播,我国从 1995 年开始先后出台了与医疗废弃物相关的一系列法律法规。1998～2000 年,将医疗废弃物归入危险废弃物中,制定了危险废弃物、固体废弃物的防治及焚烧控制标准;从 2003 年开始专门针对医疗废弃物制定了《医疗废物管理条例》,对医疗废弃物的管理、集中处置、监督管理和法律责任等都做了详尽的明确规定;随后又先后制定了《医疗卫生机构医疗废弃物管理办法》和《医院感染管理办法》的规定。

表 2-6　我国与医疗废弃物相关的法律规定

名称	施行日期	属性	内容
《国家危险废物名录》	1998.1.4 公布,2008.8.1 修订	2008 环保部令(第 1 号)	规定列入国家危险废物名录的列入本名录固体废物和液态废物的性质
《中华人民共和国固体废物污染环境防治法》	1995.10.3 通过,2004.12.29 修订	2004 主席令(第 5 号)	实行减少固体废物的产生量和危害性、充分合理利用固体废物和无害化处置固体废物的原则,促进清洁生产和循环经济发展
《危险废物焚烧污染控制标准》	2000.3.1	GB18484-2001	从危险废物处理过程中环境污染防治的需要出发,规定了危险废物焚烧设施场所的选址原则、焚烧基本技术性能指标、焚烧排放大气污染物的最高允许排放限值、焚烧残余物的处置原则和相应的环境监测等
《医疗废物管理条例》	2003.6.16	国务院令(第 380 号)	适用于医疗废弃物的收集、运送、储存、处置及监督管理等活动

续表 2-6

名称	施行日期	属性	内容
《医疗废物分类目录》	2003.10.10	2003 卫医发（第 287 号）	根据医疗废物的特征、常见组分或名称将其分为 5 大类
《医疗卫生机构医疗废物管理办法》	2003.10.15	卫生部令（第 36 号）	规范医疗卫生机构对医疗废物的管理，有效预防和控制医疗废物对人体健康和环境产生危害
《医院感染管理办法》	2006.7.6	卫生部令（第 48 号）	医院感染管理是各级卫生行政部门、医疗机构及医务人员针对诊疗活动中存在的医院感染、医源性感染及相关的危险因素进行的预防、诊断和控制活动
《关于加强二噁英污染防治的指导意见》	2010.10.19	环发〔2010〕123 号	为贯彻落实《中华人民共和国履行〈关于持久性有机污染物的斯德哥尔摩公约〉国家实施计划》，保护生态环境，保障人民身体健康，加强二噁英污染防治工作
《关于进一步加强危险废物和医疗废物监管工作的意见》	2011.2.16	环发（第 19 号）	完善危险废物监管体制机制，创新监管手段，严格环境监管，保障人体健康，维护生态安全，促进经济社会可持续发展
《中华人民共和国环境保护法》	2015.1.1	主席令（第 9 号）	为保护和改善环境，防治污染和其他公害，保障公众健康，推进生态文明建设，促进经济社会可持续发展

2010 年的《关于加强二噁英污染防治的指导意见》中，更把目标任务具体化，如到 2015 年要基本控制二噁英排放增长趋势，建立完善的防治体系和长效监管机制，使重点行业二噁英排放强度降低 10%。2011 年的《关于进一步加强危险废物和医疗废物监管工作的意见》中，从危险废物的总体要求、对产生及经营单位的监管、完善监督机制、创新监管手段、加强基础建设和建立长效机制等方面对危险废物和医疗废物的管理做了全面详尽的规定，其中把目标任务量化，如规定：危险废物规范化管理抽查合格率在产生单位达到 90%，在经营单位要达到 95%。

2.4.2 经济技术环境

我国"十二五"规划提出，坚持科学发展，深入贯彻资源节约和环境保护的基本国策，发展循环经济，促进经济社会发展和人口资源环境协调，加快我国经济发展方式的转变和促进经济长期可持续发展。目前我国经济已经进入新常态，在此背景下经济增长和环境保护的关系成为研究的焦点。

新常态的特征与以往不同主要表现为3个方面:首先,从高速增长变为将在7%~8%运行;其次,经济结构不断调整,第三产业消费需求成为主体;最后,从要素驱动、投资驱动转变为创新驱动。在新常态的经济环境下,经济发展和环境保护的关系成为研究重点。

2.4.2.1 环境库兹涅茨曲线理论与经济增长理论分析

研究经济增长和环境污染关系最为著名的是 Grossmann 和 Krueger 在 1991 年提出的环境库兹涅茨曲线假说,通过对 42 个国家的数据研究发现,当人均 GDP 较低时,污染物的排放量也较少,随着经济的增长方式从以农业为主转变为以工业为主导,污染物的排放处于集中增长阶段;当经济增长方式转变为以第三产业为主导时,此时人均 GDP 最高,污染物的排放量又处于下降阶段,即随着经济的增长,污染物的排放呈现倒“U”形。Panayotou 首先把收入和环境污染的关系命名为“环境库兹涅茨曲线”(environmental Kuznets curve,EKC)这种关系正好和库兹涅茨 1955 年提出的收入不均与经济增长的关系相似。如图 2-6 所示,但此曲线是对发达工业化国家经济增长和环境污染关系的描述,是一种客观现象,并不是必然规律。后来有诸多学者对此进行研究发现,经济增长和环境保护的关系可能是“U”形、“N”形等,不同的国家不同的样本会得出不同的结论。

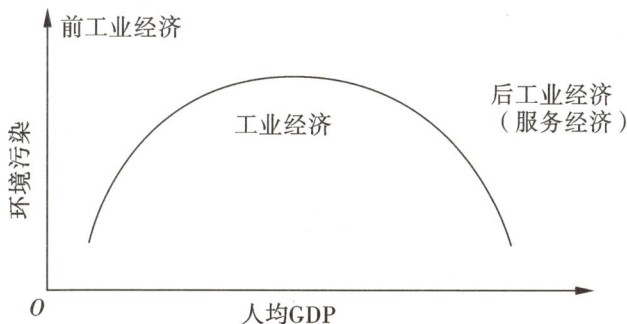

图 2-6 环境库兹涅茨曲线:发展与环境的关系

Islam、Vineent、Panayotou 把人均 GDP 对环境的影响细分为 3 种效应,即规模效应、结构效应和消除效应。如图 2-7 所示,规模效应即人均 GDP 逐渐增长时,经济的规模也逐渐变大,投入的资源增多,产出提高的同时废弃物也增加,因此环境污染和经济增长的关系为单调递增。当经济增长方式调整,从以能源为主的重工业逐渐转变为以技术创新为主的服务业时,污染物排放降低,这是经济结构转变,技术的作用产生的效应,即结构效应,环境污染与经济增长的关系为倒“U”形。从政府采取措施治理环境的角度分析,在经济发展初期,政府的财力有限加上对环境污染的危害认识不够,因此没有采取措施治理环境,环境污染严重;当经济发展到一定阶段,政府具有较强大的经济基础和管理水平,对环境污染采用相应的治理政策,环境污染降低。因此基于考虑政府管制的环境污染和人均 GDP 的关系应该是单调递减函数,即消除效应。

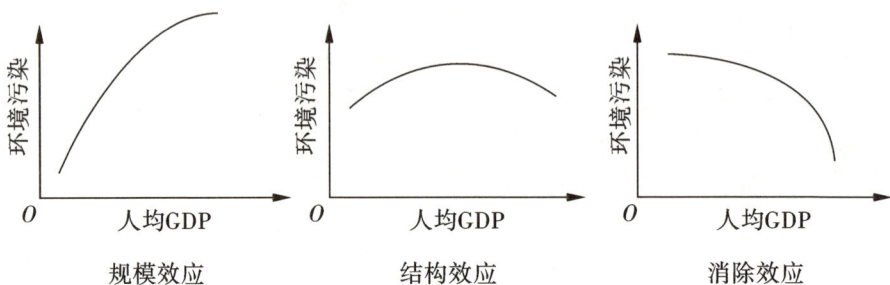

规模效应　　　　　结构效应　　　　　消除效应

图 2-7　人均 GDP 对环境污染的影响

2.4.2.2　我国经济增长分析

目前我国经济进入新常态,经济增长方式正在转变为以第三产业消费需求拉动经济增长,按照环境库兹涅茨曲线规律,应该处于曲线的拐点。我国农村实行医疗废弃物的回收处置,正是体现了资源循环利用、可持续发展、人与环境友好相处的国家环境保护国策。2004~2013 年我国的人均 GDP 变化如图 2-8 所示。

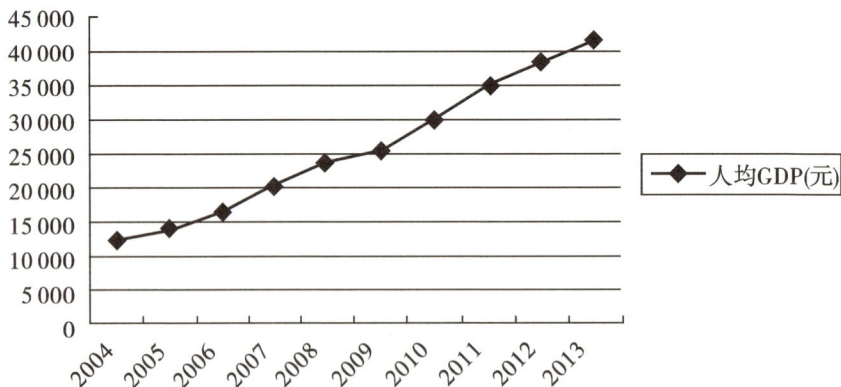

图 2-8　2004~2013 年人均 GDP 变化趋势

从图 2-8 可以看出,我国人均 GDP 逐年提高,从 2004 年的 12 335.58 元,增加到 2013 年的 41 907.59 元,10 年间增加量是原来的 2 倍多,说明我

国的经济在不断地快速增长。

　　从图2-9可以看出,GDP的增长率在2004~2007年大幅增长,2007年达到增长率最高值14.16%,之后增长率开始下降,2008~2011年保持在9%~10%,2012~2014年保持在7%以上的缓慢增长,我国经济发展进入"新常态",经济结构在逐渐调整,以投资拉动经济增长的趋势逐渐减缓,第三产业的蓬勃发展成为新常态的特征。

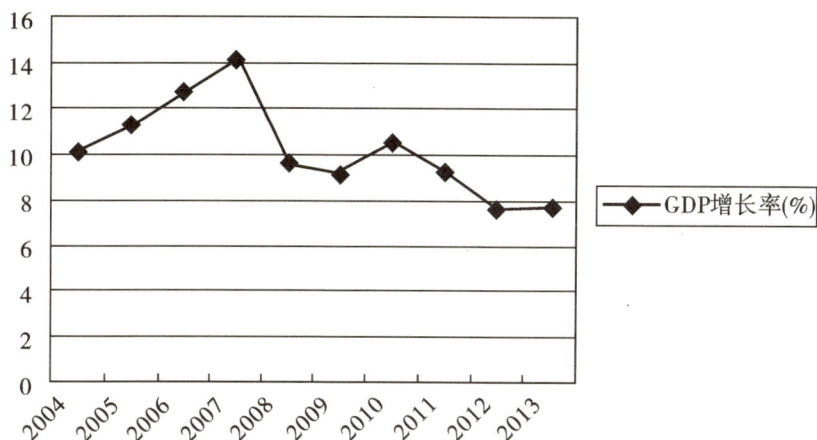

图2-9　2004~2013年GDP增长率变化趋势

　　从图2-10可以看出,随着经济的增长,政府也在不断地加大对环境污染治理的投资额,2004年时环境污染治理的投资总额仅为1 909.80亿元,经历2004~2006年的缓慢增长后,2007~2010年大幅增长,以后又是稳定增长的趋势,说明我国政府已经认识到环境保护的重要性。

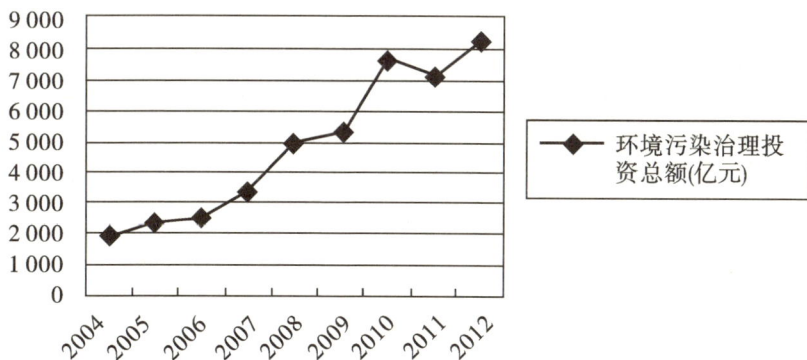

图2-10　2004~2013年环境污染治理投资额变化趋势

2.4.2.3　基于环境库兹涅茨曲线分析我国经济与环境污染的关系

从经济形势分析得出,我国经济已经进入了以第三产业为主的"新常态",经济结构已经调整,同时 GDP 增长率降低,体现了库兹涅茨曲线的结构效应;同时环境投资治理总额的大幅增加也代表我国政府非常重视环境保护的重要性,已经采取了相应的固定资产的投资,体现了库兹涅茨曲线的消除效应;综合各种效应分析,目前我国经济发展和环境污染的关系应该处于环境库兹涅茨曲线的拐点,如果政府继续不断地增加投资加上技术创新,我国的环境污染物的排放量将不断减少。经济的各项投入已经成为环境保护的巨大驱动力,农村医疗废弃物回收作为环境保护的一部分,也应当受到重视。

2.4.2.4　农村医疗机构废弃物的产生量逐年增加

2003 年,我国正式启动新农合试点,2008 年基本实现制度全覆盖,农村医疗机构的服务人数逐年增高,以乡镇卫生院为例,如表 2-7 所示,乡镇卫生院诊疗人数从 2004 年的 6.81 亿次上升到 2012 年的 9.68 亿次,整体就医的规模增大,同时乡镇卫生院病床使用率也从 37.1% 上升到了 62.1%,卫生院出院者平均住院日也从 2004 年的 4.43 天上升为 2012 年的 5.68 天,这些数据说明乡镇卫生院在整个医疗服务体系中位置越来越重,同时农村居民对医疗服务的需求量也逐年增高,这些都使农村医疗机构产生的医疗废弃物增加,大量的医疗废弃物对医务人员和生态环境造成了危害,必须合理处置。我国《国家新型城镇化规划》指出为了向农民提供安全、价廉、可及的基本医疗卫生服务,要完善农村三级医疗卫生服务网络,该网络以县级医院为龙头、乡镇卫生院和村卫生室为基础。在农村医疗机构日渐增长的趋势下,医疗废弃物的产生量也迅速增多,合理处置变成急待解决的问题。

表 2-7　乡镇卫生院医疗服务相关指标

乡镇卫生院指标	2004	2005	2006	2007	2008	2009	2010	2011	2012
诊疗人次(亿次)	6.81	6.79	7.01	7.59	8.27	8.77	8.74	8.66	9.68
病床使用率(%)	37.1	37.7	39.4	48.4	55.8	60.7	59.0	58.1	62.1
出院者平均住院日（天）	4.43	4.63	4.62	4.82	4.44	4.79	5.17	5.58	5.68

2.4.3　社会文化环境

可持续发展的环境是医疗机构实施医疗废弃物回收处理的驱动力,我

国 2014 年 4 月新修订的《中华人民共和国环境保护法》提出环境保护是国家的基本国策,国家采取有利于节约和循环利用资源、保护和改善环境、促进人与自然和谐的经济、技术政策和措施,使经济社会发展与环境保护相协调。同时要求依法公开环境信息,发挥政府、新闻媒体、社会公众在环境保护中的监督作用,形成全方位的环境保护,资源循环利用的氛围,作为医疗废弃物排放单位的农村医疗机构应该承担自己的责任。随着各项环境保护法的细化、信息的透明化,医疗机构的违法成本越来越大,违法成本不仅包括物质上的处罚,还包括曝光等对名誉、形象无形资产的损失。科斯定律提出企业存在的原因是降低了交易成本,同样,企业也会尽量地降低违法成本。因此医疗机构会逐渐适应社会环境的变化及时调整战略,选择在循环经济的模式下积极做好医疗废弃物回收处置。

2.4.4　自然地理环境

我国《国家新型城镇化规划(2014—2020 年)》在小城镇发展建设中,提出建设县城和重点镇的公共设施,对废弃物处理设施的要求为:重点进行垃圾收集、转运等设施建设,实现县城具备垃圾无害化处理能力,以县城带动乡镇的方式,使重点镇达到垃圾收集、转运全覆盖。城镇化发展规划对农村医疗废弃物回收的设施构建、转运、统一回收起到了积极的推进作用。同时提出县城基本实现高等级公路通,对农村道路进行改造,这对农村医疗废弃物的运输提供了便利。

2.5　本章小结

本章通过文献查阅、问卷调研、半结构化访谈、资料整理等,给出了医疗废弃物的概念、农村医疗废弃物的概念界定、医疗废弃物的特性及危害;通过问卷调研、半结构化访谈,并对问卷进行描述性统计,把医疗废弃物的管理分为省市级、县级、乡镇级和村级医疗机构进行分析,从废弃物的分类到处置现状、废弃物管理相关人员培训和废弃物管理的法律和法规三个层面,总结了我国现阶段废弃物管理的现状。在现状分析的基础上,通过农村医疗机构与城市对比,得出农村医疗废弃物管理中存在的问题。最后分析影响农村实施医疗废弃物回收处理的因素,具体为:政治法律环境、经济技术环境、社会文化环境、自然地理环境。

第3章

农村医疗废弃物回收处理系统的框架构建

3.1 农村医疗废弃物回收处理系统构建的必要性

从上一章的现状及问题分析，我们发现农村医疗废弃物管理目前没有完善的系统，因此构建农村医疗废弃物回收处理系统并优化原有系统功能，成为急待解决的问题。世界卫生组织在 2005 年就明确提出，要建立一个综合系统，处理责任，并处理资源分配、处理和处置等各种问题。本章从系统的现状入手，从博弈论和经济学的供给和要求两个层面分析系统构建的必要性。

3.1.1 医疗废弃物回收系统构建的博弈分析

政府参与医疗废弃物处理系统的必要性有以下几个方面。假设：两个局中人，即产生医疗废弃物的机构 A，以营利为目的的第三方企业 B，负责回收医疗废弃物；策略集合，即是否构建医疗废弃物回收处理系统（积极或消极）；损益函数。

3.1.1.1 在政府监管不力和消极管制条件下

假设医疗机构 A 积极参与则需要交纳医疗废弃物处理费为 C，不参与不需要交纳费用；第三方企业积极回收医疗废弃物，回收其他医疗机构的收益为 P，不参与则收益为 0；则可得如表 3-1 所示的博弈模型。

表3-1　政府监管不力的博弈模型

A　　　　　B	构建回收处理系统	不构建回收处理系统
积极	(-C,P+C)	(-C,0)
生态环境效益	M+N	M
消极	(0,P)	(0,0)
生态环境效益	N	N

当医疗机构 A 和企业 B 都积极时,医疗机构需要交纳废弃物处理费,所以收益为-C,企业 B 除了其他医疗机构的收益 P,还有 A 的收益,因此总收益为 P+C;从博弈模型看,A 会选择消极态度减少支出,B 会选择积极态度来获得收益 P+C,因此最后达到纳什均衡为医疗机构 A 消极、B 积极。因此在目前政府监管不严格条件下,短期内医疗机构的最优决策是不参加医疗废弃物回收系统,博弈双方都陷入囚徒困境,从长期来看,医疗机构的社会效益下降。

从生态环境的角度考虑该博弈模型,假设 A 参与医疗废弃物回收处理系统对生态环境的有利度为 M,B 参与回收系统对生态环境的有利度为 N,纳什均衡的结果对整个的生态环境收益为 N,小于 A、B 都采取积极态度的M+N。A、B 都采取积极态度能达到帕累托最优,但在缺少政府监管的前提下达不到。即使两者先达成协议共识,但这个协议无法实现,因为不构成纳什均衡,所以需要政府的积极监管和政策倾斜等。

3.1.1.2　在政府监管得力和积极管制条件下

假设政府的监管仅从环境保护税的角度考虑,如果医疗机构 A 不构建医疗废弃物回收处理系统就必须上交环境保护税记为 T,此时的博弈模型如表3-2 所示,从表中可以看出,A 采取积极的态度损失较少为-C,B 采取积极的态度收益为 P+C;因此纳什均衡的结果为双方都采取积极的态度,从而达到生态环境的最优状态,帕累托最优状态。

表3-2　政府监管得力的博弈模型

A　　　　　B	构建回收处理系统	不构建回收处理系统
积极	(-C,P+C)	(-C-T,0)
生态环境效益	M+N	M
消极	(-T,P)	(-T,0)
生态环境效益	N	N

3.1.2 医疗废弃物回收处理系统构建的经济学分析

3.1.2.1 从公共物品角度分析必要性

从供给角度分析,环境保护不够,供给不足。环境物品是典型的公共物品,Samuelson 等在 1954 年给出了公共物品的精确定义,他认为,私人物品的总消费量等于所有消费者消费物品的总和,公式如下:

$$X = \sum_{i=1}^{N} x^i \quad (i = 0, 1, \cdots, N) \qquad \text{(公式 3-1)}$$

其中,X 为私人物品总消费品,x^i 为第 i 个消费者的消费量,私人物品总消费量为单个消费者消费量相加,可以看出私人物品具有消费竞争性、排他性;对于公共物品,物品总消费量等于任何个人的消费量,如下面公式,每个人的消费量不会影响其他人的消费,可以看出公共物品具有非排他性。

$$X = x^i \quad (i = 0, 1, \cdots, N) \qquad \text{(公式 3-2)}$$

环境公共物品包括各种环境物品和环境服务等,如干净没有污染的水质、环境设施、环境法律制度和信息、环境保护措施等,这类公共物品企业是不愿意提供的,因为提供公共物品的社会利益大于私人利益,企业无法从提供公共物品中获得足够的回报。医疗废弃物统一回收就属于环境公共物品,医疗机构不愿意参与统一回收,这就要求政府通过税收、补贴、环境政策和法律、政府及企业联合等手段鼓励个人投资。

3.1.2.2 外部性造成市场非效率

1)非效率的分析

医疗废弃物如果没有得到合适的管理处置,在医疗机构内部会对医务人员及其他接触者造成伤害,在机构外部会对整个环境造成危害,这个危害就是外部性。作为医疗机构从经济利益的角度出发,希望处置的越少越好,医疗机构会在平衡水平上进行一定程度的管理和处置,这个平衡点在处置废弃物中得到的效益(私人边际收益)正好等于处置废弃物投入的成本(处置的边际成本),即私人边际收益=边际成本。在没有政府管制的条件下,医疗机构会采取这种边际收益等于边际成本的方法,取得利润最大化条件下的医疗废弃物处置量。这种私人均衡水平,对环境造成了很大的危害。

2)有社会效率的污染

没有政府参与下的医疗废弃物处置缺乏效率,对于整个社会来说,处置医疗废弃物的社会边际成本和社会边际收益相等,这样的处置水平对整个社会来说是效率最优的。在这里社会边际收益是指提高环境质量、增进健康等,包括私人边际收益和对社会的福利组成的边际收益,社会边际成本也

就是私人边际成本。

图3-1描述了有政府管制和没有政府管制条件下的医疗废弃物处置水平。E点为边际成本与私人边际收益的交点,对应的医疗废弃物处置量为A点,它表示在没有政府管制下的医疗废弃物处置量;F点为边际成本与社会边际收益的交点,对应的医疗废弃物处置量为B点,它表示在有政府管制下的医疗废弃物处置量。从图中可以看出B点的处置量比A点大得多,在B点的处置量实现了社会效率最优。

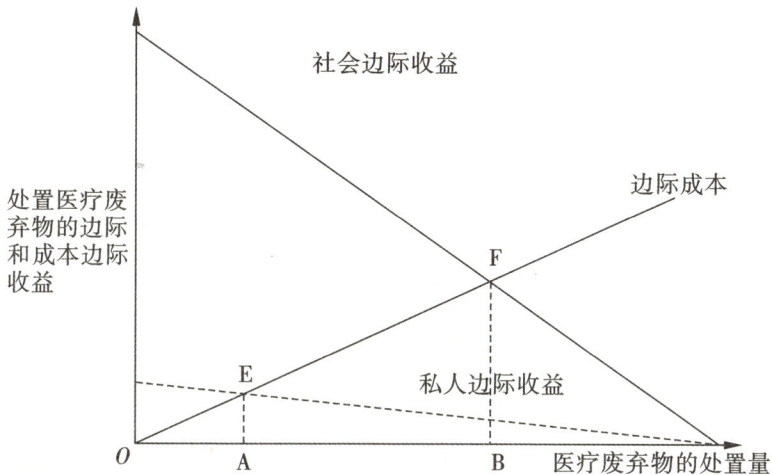

图3-1 外部性导致非效率

3.1.2.3 从供给需求的角度分析

1)对农村医疗废弃物管理的投入和法律供给不足

公共物品一般由政府提供,但政府提供的公共物品又分为两类:对于全国性的公共物品由中央政府提供;对于地方性的公共物品,则由地方政府提供。农村医疗废弃物处理系统的构建属于地方性公共物品,因此由地方政府提供,但由于农村的经济条件约束,加上医疗废弃物回收处理系统构建属于投资期限长、回收成本慢的项目,导致对此类物品的提供较少。此外农村地区普遍存在法律制度供给不足,由于我国农村地区较多,且各地区的经济发展水平、医疗卫生技术水平有很大差异,医疗废弃物的产生量也不同,因此国家对农村地区的医疗废弃物回收没有统一规定,但目前许多农村地区也缺乏地区性医疗废弃物管理的地方性法规。

2)技术规范供给不足

由于我国属于发展中国家,受自身经济状况的约束,对环境保护的投资

与发达国家相比,在整个 GDP 中占的比例较少,导致对环境保护投入不足,加上我国长期以来"城乡二元"结构,导致农村环境保护的财政供给远远不足,医疗废弃物回收处理的相应技术落后。

3)农村居民对医疗废弃物回收系统构建的需求不足

医疗废弃物是特殊的废弃物,其对环境的污染具有潜伏性和隐蔽性,社会公众对其特性和危害了解不多,加上我国农村相对城市而言,经济发展水平较低,人们忙于追求提高收入,无暇顾及医疗废弃物的污染问题,对医疗废弃物污染的容忍度较高,正如 Panayotou 用环境库兹涅茨曲线得出:在一国经济处于经济发展的初期,人均收入水平较低时,人们关注的焦点为如何获得更多的财富,促进经济增长,人们对环境服务的要求较低,因此环境逐渐恶化;当经济发展到一定水平,人们的消费结构发生变化,对环境服务的需求增加,开始注重环境保护的重要性。因此农村还不会出现或较少出现公众向废弃物的排放单位交涉或者向环保部门投诉等行为,不会主动或较少出现要求构建医疗废弃物回收处理系统。

4)医疗机构对环境服务的需求不足

环境物品类似公共物品,具有非竞争性和非排他性,因此会被过度使用,对外部环境造成负效益,对农村医疗废弃物的回收处理没有明确的要求,政府也没有明确的干预行为和积极的鼓励政策,医疗废弃物相关的法律法规有待进一步细化,医疗废弃物的性质也给公众的监督造成困难,种种因素导致医疗废弃物排放单位不愿承担治理成本,它们只是被动地交纳了医疗废弃物处理费,许多人缺乏从源头减少医疗废弃物产生量的意识。医疗废弃物的回收处理作为公共物品,政府需要发挥积极的作用,否则就会供给不足。

3.2 医疗废弃物回收处理的系统认识

3.2.1 系统的构成元素

系统研究方法的目的为实现对系统的控制、管理和改造,达到系统优化的目标。该方法首先把研究对象看作由若干相互作用、相互依赖的要素组成的有特定功能的有机整体,然后通过分析系统的结构、功能及系统、要素和环境间相互关系的变动规律,实现系统优化的目标。系统论应用于农村医疗废弃物回收处理系统的构建,强调把医疗废弃物回收处理系统的各环节作为一个有机的整体来考虑,分析系统的结构和功能及要实现的目标,通过对系统各要素,以及农村政治、经济、自然、交通等环境的特点分析,实现

对系统的控制和改造,达到系统优化的目的。

因此研究医疗废弃物回收处理系统时,首先从农村医疗废弃物回收的各部分组成入手,分析分类、回收、运输和处理各部分的相互关系和变动规律,各部分和整个回收系统的关系,各部分和经济环境的关系,各部分要实现的功能,从而实现系统优化的目标。医疗废弃物回收处理系统的三要素为人、物和环境。以下具体研究:①人——回收处理系统涉及各医疗机构、回收企业、废弃物处理企业、管理部门等相关回收人员和管理监督人员及社会公众三大类。②物——系统中的物包括回收容器、回收车辆、暂存处、处理厂等所有设施及流程中的产品及废弃物等。③环境——主要包括政治法律环境、经济技术环境、自然地理环境和社会文化环境,处理系统的运行首先受我国宏观的政治法律环境影响,同时不同区域有不同的经济发展水平,面临不同的自然地理环境和科学技术,对回收处理的过程和医疗废弃物的处理方式会有不同的影响。

逆向物流回收模式分为三大类:制造商负责回收、经销商负责回收和第三方负责回收。目前我国医疗废弃物回收系统的模式逐渐转变为由经销商负责到政府主导下的第三方负责回收模式。下一章将具体讲回收模式的选择,回收模式的选择在回收处理系统的构建中占据重要地位。

在医疗废弃物回收处理系统中,系统的发展目标和功能是系统构建的出发点和归宿,规模和布局是实现目标和功能的基础。

3.2.2 医疗废弃物回收处理系统的发展目标

基于循环经济模式下的发展目标,循环经济是按照自然生态系统物质循环和能量流动来指导经济系统的构建,以资源的高效和循环利用为目标,以"减量化、再利用和资源化"为原则,实现社会、经济与生态环境的可持续发展。医疗废弃物回收处理系统的构建以循环经济的目标为导向。

医疗废弃物的回收处理系统如图 3-2 所示,要同时兼顾社会效益、生态效益和经济效益,从图中可以看出,整个流程包括正向物流和逆向物流,构成了一个闭合系统,医疗产品从医药企业通过供应商、批发零售商等到达医疗机构,通过医疗机构的使用完成了资源的消耗,这个过程是正向物流活动,这个过程的目标是资源利用的减量化;使用后的医疗物品被重新分类,可回收的物品通过回收加工企业的收集加工,赋予废弃物新的使用价值,形成新产品,进入工业企业,然后重新回到流通领域,这个过程的目标是资源利用的再利用和资源化;不可回收的医疗废弃物通过焚烧、干化学等方式处理后被掩埋,这个过程力争做到排放的无害化。

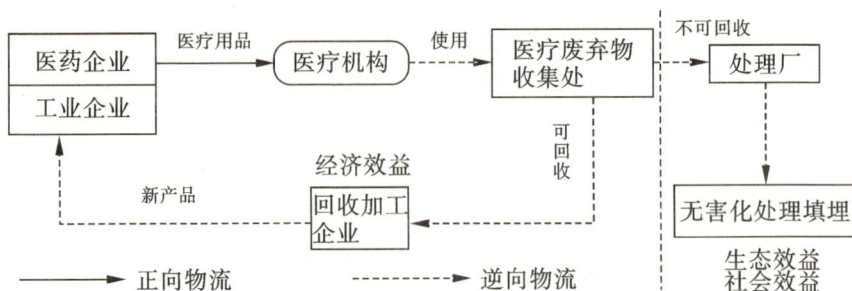

图 3-2　基于循环经济的医疗废弃物回收处理流程

WHO(1994 年)将医疗废弃物管理的目标也定为"减量化、再利用和资源化"。减量化,从源头开始减量化,从医疗药品的购买开始控制,可以通过实施一些政策和措施达到减量化的目标,可以分为 3 个方面:源头减量、管理控制减量、化学和制药产品库存管理减量化。具体减量化行为在下一章探讨。

3.2.3　农村医疗废弃物回收处理系统的特征

医疗废弃物回收处理系统是逆向物流处理系统,除了具有逆向物流的普遍特征外,还具有其独特性,主要表现为以下几个方面。

3.2.3.1　成本高、利润低

构成医疗废弃物各主体的回收成本较高,从医疗机构角度出发,医疗废弃物的回收处理系统在构建初期,需要大量投入(如建设改造暂存处、专门的容器、机构内部运输工具、专业人员等),并且运输医疗废弃物还需要向第三方企业缴纳运输和处理费用等;从回收企业的角度出发,回收企业一般为第三方企业,包括回收再利用企业和回收处理企业,可回收利用的废弃物与一般回收利用产品相比,回收利润空间较小,降低了回收企业的利润;回收处理企业需要建立专门的医疗废弃物处理厂和专门运输的车辆及专业的人员,前期投入很大,回收成本较慢。

3.2.3.2　技术要求高

回收系统的构成对象即医疗废弃物属于特殊的废弃物,具有毒性、感染性和传染性等特点,对回收再利用企业和回收处理企业的资质要求较高,目前存在不具备专业资质的企业处理医疗废弃物现象。

3.2.3.3　时间性强

对整个回收处理系统的时间要求较高,医疗废弃物要求 24 小时必须收

集完成,并且运输必须在早上 10 点之前完成,给整个系统的运行带来了障碍。由于我国农村地区的医疗机构比较分散,特别是农村诊所,有些距离较远,产生的医疗废弃物较少,在规定的时间收集完成更增加了收集的成本。

3.2.3.4　系统运行困难

由于我国农村地区的医疗废弃物回收处理系统的运营缺乏相应的制度环境,导致不正规的回收企业存在,医疗废弃物没有经过处理就流入市场,给人和环境带来极大的危害;医疗机构不愿意承担责任,存在医疗废弃物随意倾倒、随意买卖现象,究其原因这些现象的发生与政府的监管保障机制有关,因此政府的监管保障机制、环境保护政策等是促进回收处理系统良性运转的有利条件。

3.3　医疗废弃物回收处理系统构建的路径分析

3.3.1　农村医疗废弃物回收处理系统设计的原则

3.3.1.1　社会效益、生态效益优于经济效益原则

医疗废弃物属于公共环境物品,如果单纯以追求经济效益为首要目标,则会出现市场失灵现象,严重阻碍医疗废弃物回收处理系统的构建和长期发展,要把追求短期发展目标和长期发展目标结合,整个系统构建应该建立在兼顾经济效益的前提下首先考虑社会效益和生态效益。

3.3.1.2　符合整体优化原则

回收处理系统涉及的相关主体较多,如医疗机构、第三方回收企业、第三方处理企业等,每个主体都有自己的利益,为了保证系统的稳定性,要考虑各方利益,达到互惠互利、共同发展的整体目标。

3.3.1.3　具有农村特色的原则

回收处理系统的构建要从农村的实际出发,充分考虑到农村的经济、制度、环境,如农村医疗废弃物的种类、农村的路况、医疗诊所的地理分布、农村可以接受的科学技术等,这些影响因素充分考虑了才能构建独特的适合农村可持续发展的医疗废弃物回收处理系统。

3.3.2　农村医疗废弃物回收处理系统的相关主体

回收处理系统主要包括医疗机构、回收再利用企业、回收处理企业和政府 4 个主要主体,各主体在回收系统中所处的地位不同,作用也不同,具体如下(表3-3)。

表3-3　农村医疗废弃物回收处理系统的相关主体

主体	主体说明
医疗机构	包括县级、乡镇级和村级的医疗机构
回收再利用企业	由第三方企业承担,对可循环利用的医疗废弃物进行回收、处理、再加工,如一次性输液管、输液瓶等
回收处理企业	由第三方企业承担,对不可回收的医疗废弃物负责运输、处理、填埋等
政府	包括人民政府、卫计委、环保局3个部门

3.3.2.1　医疗机构

医疗机构包括县级、乡镇级和村级,进行源头控制,尽量做到减量化,从医疗用品的购买、使用开始。并对医疗废弃物进行分类,为再利用和资源化做准备,并负责运输医疗废弃物到暂存处,同时负责对医疗废弃物实行内部管理和监督。

3.3.2.2　回收再利用企业、回收处理企业

回收再利用企业由第三方企业承担,对可循环利用的医疗废弃物进行回收、处理、再加工,如一次性输液管、输液瓶等;回收处理企业由第三方企业承担,对不可回收的医疗废弃物负责运输、处理、填埋等。

3.3.2.3　政府

政府包括人民政府及卫计委、环保局3个部门。政府负责总的监督管理;卫生部门负责医疗废弃物整个运行系统中的疾病防治及工作人员的卫生防护,并进行监督检查;环保部门负责医疗废弃物整个运行过程中的环境污染防治工作,并进行监督检查。

3.3.3　各组成部分的功能及优化路径

农村医疗废弃物回收处理系统,除具有一般逆向物流的处理系统的特点外,还具有其独特性,包括如下几个模块:分类、收集、运输和处理四个模块,具体功能如下(表3-4)。

表3-4 农村医疗废弃物回收处理系统的4个功能模块及优化

构成模块	功能	优化
分类模块	• 对医疗废弃物分类,并放置到不同的容器中或包装袋中 • 检查容器或包装袋,确保无破损、渗漏等问题 • 检查运送出科室的医疗废弃物的种类、数量	• 医院管理部门做好源头把控,对产生医疗废弃物多的部门进行专门培训,合理利用医疗用品及器械;对医疗用品库存进行实时动态监控,尽量不发生药品过期没有使用完现象 • 标志:为达到醒目、安全要求,医疗废弃物的包装袋和周转箱全部用黄色,并在容器外部标注类别和细分,如"塑胶类感染性医疗废物""棉签类感染性医疗废物等"
收集模块	• 利器盒收集人员负责收集和密闭运送利器盒 • 卫生员负责收集、清理和运送各科室产生的医疗废弃物,在包装物或者容器中医疗废弃物达3/4时封闭容器,并在包装外贴标签,标签内容为科室、日期、种类等,并做记录 • 运送人员每天按照规定的时间和路线,对专用运输工具检查,确认容器安全、密封和无泄漏时,用专用运输工具(防渗漏、防遗撒、无锐利边角、易于装卸及清洗消毒)运送至院内医疗废弃物暂存处	• 记录:运送人员与暂存处管理人员应在医疗废弃物交接记录单上签字,确认废弃物的种类、数量、重量及产生科室,由医疗废弃物产生科室人员、运送人员、医疗废弃物暂存处管理人员三方签字后,记录单由医疗废弃物暂存处管理人员妥善保存3年备查,避免医疗废弃物随意买卖及丢失行为发生 • 暂存处设置条件:不能露天设置,要有明显标识,应远离病区、居民小区、人员活动密集区,并做好防盗、防漏、防蚊蝇和儿童接触 • 暂存处选址:考虑农村医疗机构较分散,优化暂存处选址
运输模块	• 对于可回收医疗废弃物的运输由回收加工企业或由医院进行,没有明确的时间限制,可以借助正向物流的网络进行或者独立进行 • 对于不可回收医疗废弃物要用专门的医疗废弃物专用车辆,车身两侧及前方要有明显的危险品标志,运输过程容器不可倒置,防止溢出,废弃物要在规定的时间运输完毕,路线尽量选择远离闹市区、商业区的主干道	• 企业资质认定:政府和医疗机构共同合作,负责挑选有资质专业医疗废弃物回收加工企业负责医疗废弃物统一回收循环利用 • 车辆路径优化:结合农村实际路况和暂存处位置,采用定性分析和定量分析相结合的方法,优化车辆行驶路径,达到总成本最小的目标 • 信息技术应用:采用RFID信号接收器、GPS定位系统等信息技术,对医疗废弃物运输过程进行跟踪和监督
处理模块	• 对医疗废弃物产生的数量、种类、时间等进行登记;对医疗废弃物实施严格保管,严禁流失,在与受委托单位的工作人员交接医疗废弃物时填写危险废弃物转运联单,保存3年 • 现有的处理技术主要有高温焚烧、化学消毒、高温蒸汽消毒、电磁波灭菌	• 选择合适处理方法:根据医疗废弃物的产生量,结合各种处理方法的优缺点及区域的地理位置、经济状况等选择合适的处理方法 • 选择处理方法时要兼顾社会利益、生态利益和经济利益,促进整个医疗废弃物回收处理系统的良性循环

表中详细列出了各子系统的具体功能及优化的方法和措施,系统各功能模块不是独立运行,而是互相影响、互相作用,共同构成医疗废弃物回收处理系统,各子系统协同动作,共同完成总系统的目标。

3.3.4 医疗废弃物回收处理系统的整体优化框架

3.3.4.1 处理过程分析

如图 3-3 所示构建了农村医疗废弃物回收处置系统的整体优化框架,处置系统整体的目标是实现医疗废弃物管理达到"减量化、再利用和资源化"。首先规划医疗废弃物从产生到最后的处置环节,明确政府、医疗机构及处置单位在各环节的具体责任。这里把农村医疗废弃物分为 3 类:一般废弃物、可回收废弃物和不可回收废弃物。一般废弃物等同于普通垃圾进行处理,这里没有标出;可回收废弃物,即可循环利用的废弃物,这类废弃物要求专门的医疗废弃物回收利用企业来完成回收工作,避免处理过程中操作不规范造成危害;不可回收废弃物指感染性医疗废弃物,这类废弃物是重点处理的废弃物,也是研究的重点。

3.3.4.2 问题分析

在第 2 章分析了我国农村医疗废弃物实行优化管理的必要性,并通过访谈、问卷等方式,对现状的梳理,提炼出农村医疗废弃物管理中的主要问题是要构建统一回收的医疗废弃物处置系统,构建过程中从 4 个主要方面进行:分类回收、暂存处选址、信息技术应用和车辆路径优化。

3.3.4.3 优化过程

为了达到优化的整体目标,对每个组成模块进行优化。

1)分类回收

通过对美国、日本等发达国家医疗废弃物分类的综述,探讨我国农村医疗废弃物分类回收的思路,确立了农村医疗废弃物分类回收的分目标为"感染性医疗废弃物的减量化"。采用环境行为理论并结合系统动力学,构建农村医疗废弃物分类回收的系统动力学模型,动态仿真了不同政策制度对感染性医疗废弃物产生量的影响,为减量化提供依据。

2)暂存处选址

结合我国农村地区医疗卫生机构的分布特点,对每个点进行回收会造成过高的成本,提出建立医疗废弃物回收暂存处,基于医疗废弃物对时间的要求,建立渐进覆盖模型,并采用多目标遗传算法进行求解。

3)信息技术应用

信息技术贯穿医疗废弃物回收处理系统的整个环节。分析我国医疗废

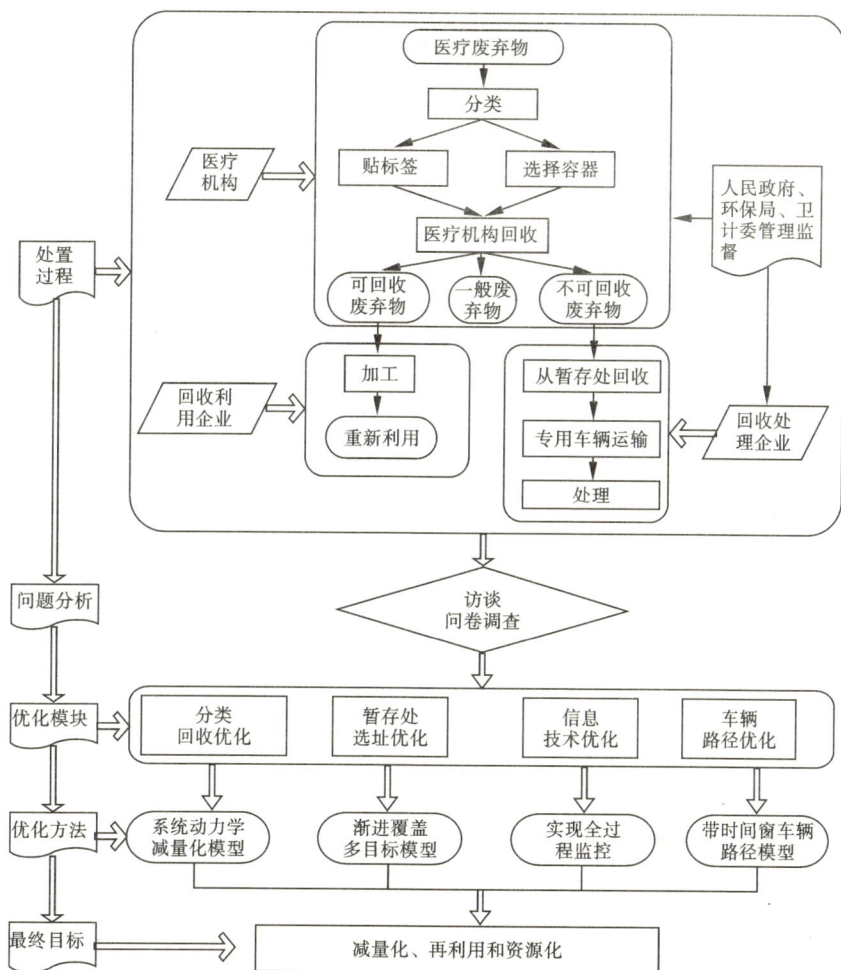

图 3-3　农村医疗废弃物回收处置系统的整体优化框架

弃物管理的法规和政策,确立我国农村信息化技术应用的目标为"实现医疗废弃物管理全程监控",根据农村卫生机构的经济状况,选择适合的信息技术,如代码技术、GPS 定位技术、局域网等,达到农村医疗废弃物回收处理过程的全程监控。

4)车辆路径优化

回收运输要在规定的时间完成,并且尽量减少成本,因此建立考虑运输成本和固定成本最小的带时间窗路径优化模型,并采用改进蚁群算法进行求解,从而达到优化目标。

3.4　本章小结

本章首先从医疗废弃物回收处理系统的现状出发,从博弈论和经济学的供给和需求两个角度分析了系统构建的必要性,博弈论角度主要分析从政府参与管理的必要;经济学主要从公共物品角度、外部性造成非效率、政府的法律规定和技术规范供给不足、农民和医疗机构的需求不足的角度分析了系统构建必要性。

在此基础上,进行系统分析,包括系统的基本组成元素、系统的目标、系统的特征;确定了基于循环经济的"减量化、再利用和资源化"的可持续发展目标,归纳了农村医疗废弃物回收处理系统与一般的逆向物流系统比较具有的独特性为:构建成本高、利润低、技术要求高、时间性强及系统运行较一般系统难等特点。

最后,在对系统设计原则、系统相关主体、系统各组成部分功能及优化路径分析的基础上,构建了农村医疗废弃物回收处理系统,并初步确定了从医疗废弃物的分类回收、暂存处选址、车辆路径优化和信息技术应用 4 个角度进行优化的思路,并提出各部分优化的目标。

第4章

农村医疗废弃物分类回收优化

4.1 现有的医疗废弃物分类回收方法

4.1.1 日本医疗废弃物的分类回收方式

4.1.1.1 日本医疗废弃物的分类

日本是环境保护得比较好的国家,资源也得到了充分的利用,从1970年开始就陆续制定医疗废弃物管理的相关法规和手册,日本的废弃物分类及处理方法如图4-1所示。

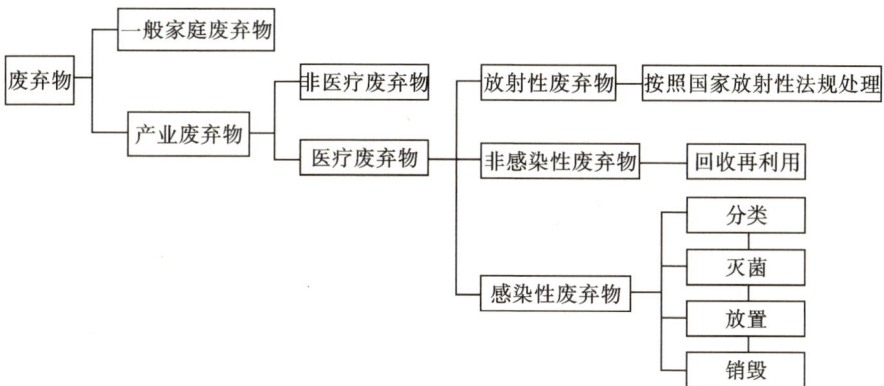

图4-1 日本废弃物分类及处理方法

从图中可以看出,日本医疗废弃物归入产业废弃物范围,医疗废弃物又分为放射性、非感染性和感染性医疗废弃物三类,对于非感染性多指后勤及

事务性医疗废弃物,可作为一般医疗废弃物处理,是一种再生资源,可以回收再利用;对于放射性医疗废弃物,国家有专门的放射性医疗废弃物处理法规;感染性医疗废弃物是重点管理和监督的废弃物,一般由临床产生,包括:患者的血液、血清、血浆、体液、被污染的实验用品、器械、病理性脏器等。

4.1.1.2 日本感染性医疗废弃物的分类与回收

从表4-1看出,日本的感染性医疗废弃物按照废弃物的性状特点,装入不同类型的容器中,容器有明显的颜色标识区分,保证了医生和护士能简便易行地操作。医疗废弃物分类后,按照标志不同放入不同的库房中,做好记录,由回收企业回收医疗废弃物,一般按照医疗废弃物容器容积的大小交纳相应的费用。

表4-1 日本感染性医疗废弃物的分类与回收

废弃物的性状	标志的颜色	容器类型
液体状、泥状物,如血液、体液等	红色	密封的回收容器
固体状,如带血的纱布等	橙色	结实双层的塑料袋
利器,如针头、手术器械等	黄色	不宜刺穿的回收容器

4.1.1.3 日本医疗废弃物具体分类的操作方法

对感染性医疗废弃物进行分类时,日本医疗机构主要分3个步骤进行判断:第一步看废弃物的种类是否符合规定的种类,第二步看废弃物的来源是否有传染病房等,第三步看废弃物使用的地方是否有传染性的疾病。这种分步骤进行的方法,充分保证了感染性医疗废弃物被区分出来,防止造成不必要的危害(图4-2)。

4.1.2 美国医疗废弃物的分类回收方式

美国在1988年颁布的《医疗废弃物跟踪法》(*Medical Waste Tracking Act*, MWTA)中第一次提出医疗废弃物的定义为在诊断、治疗人类和动物免疫及与此相关的研究、生物制剂的生产或测试等产生的任何固体废弃物。定义包括如下几种:带血的绷带、培养器皿、其他的玻璃器皿、丢弃的外科手套、手术器械、手术刀、注射或抽血用的针头、接种用的棉签、纱布、身体器官(如扁桃体、肢体)等。这个定义也是美国环境保护局、世界银行和世界卫生组织三个机构共同认定的医疗废弃物定义,按照跟踪法案的要求,环保局在1989～1991年两年间选择了Connecticut、New Jersey、New York和Rhode Island 4个地区作为示范点,通过跟踪调查,给出了医疗废弃物的定义和管理

```
┌──────────┐
│ 医疗废弃物 │
└──────────┘
     │
     ▼
┌────────────────────────────┐
│第一步：废弃物的种类          │        是    ┌──────────┐
│1.血液、血浆、血清、体液      │─────────────▶│传染性废弃物│
│2.病理废弃物，如器官和组织    │              └──────────┘
│3.用来测试研究的病理性废弃物  │
│4.带血的利器                 │
└────────────────────────────┘
     │ 否
     ▼
┌────────────────────────────┐
│第二步：废弃物的来源          │        是    ┌──────────┐
│传染病房、结核病房、手术室、  │─────────────▶│传染性废弃物│
│门诊、重症监护室和实验室      │              └──────────┘
└────────────────────────────┘
     │ 否
     ▼
┌────────────────────────────┐
│第三步：疾病的类型            │        是    ┌──────────┐
│1.废弃物是第Ⅰ、Ⅱ、Ⅲ种疾病产  │─────────────▶│传染性废弃物│
│生的或者新的传染病产生的      │              └──────────┘
│2.废弃物是第Ⅳ、Ⅴ种传染病使用 │
│的材料和工具                 │
└────────────────────────────┘
     │ 否
     ▼
┌──────────┐
│ 一般废弃物 │
└──────────┘
```

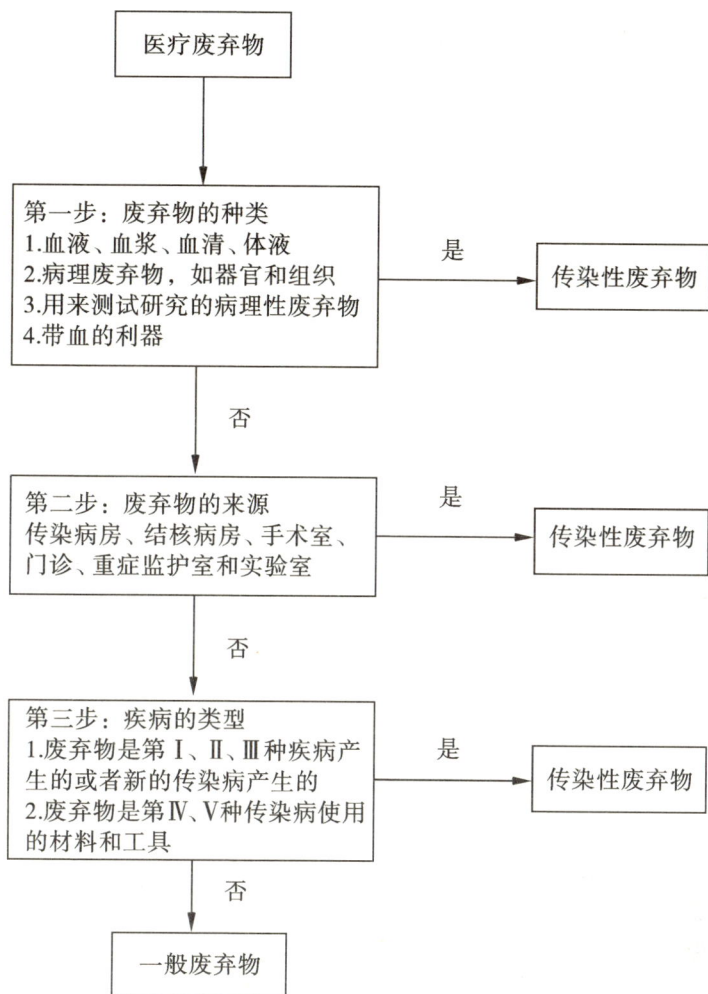

图4-2　日本医疗废弃物的分类

Ⅰ、Ⅱ、Ⅲ、Ⅲ、Ⅳ、Ⅴ为日本传染病分类(2014年,日本国家传染病研究院)

措施,建立了从废弃物的产生到最后处理全过程的跟踪,制定了医疗废弃物从分类、收集、标签、记录和储存等的管理标准,对医疗废弃物不合法处置进行惩罚,为美国废弃物的管理奠定了基础。

美国医疗废弃物政策制度起步较早,并且制度较为完备,从表4-2可以看出,单对医疗锐器装运容器就有规定,从1988年开始到2000年法规已经更加详尽。我国法律法规颁布较晚,在1995颁布的《中华人民共和国固体废物污染环境防治法》中提到危险废弃物管理,2003年颁布的《医疗废物管理条例》是专门针对医疗废弃物的管理条例,此后便没有相关条例出现。所

以我国要进一步完善医疗废弃物处理制度,形成一体化管理体系,以减少废弃物造成的危害。

表4-2   美国关于锐器容器性质的政策与指南

时间	部门	相关法律、文件	具体规定
1988年	美国疾病预防中心	《人类免疫缺陷病毒传播的综合预防卫生保健》	锐器使用后应放置在不易刺破的容器中,容器要尽量靠近锐器使用的地方
1991年	职业健康管理局	《安全处理污染锐器》《减少血源性疾病的传播》	用过的、污染的、可重复使用的锐器应放在合适的容器中,满足条件: • 不易刺破的、贴上标签或者有颜色的条码 • 两侧和底部是密封的 • 装有污染锐器的容器要靠近工作人员,再次使用锐器时易拿到,不得装过满
1998年	国家职业安全与健康研究所	《选择、评估、使用锐器容器标准》	容器的功能、容量等有统一标准
2000年	美国国会	《锐器安全预防法》	法规更详细要求识别、评估,并利用有效安全的医疗器械,此项法律有助于减少锐器损伤的风险

从定义和分类可以看出美国医疗废弃物的管理相关文件出台较早,且已形成了统一的规范化标准,废弃物的分类名录较为全面和细致,为具体的分类操作提供了重要的参考依据。

4.1.3　世界卫生组织的医疗废弃物分类回收方式

WHO认为:医疗废弃物指为人类和牲畜提供诊断治疗和免疫等医疗服务、医学研究、生物实验及生物制品生产过程中产生的各种固体废弃物,其中包括脏的或沾血绷带、使用后废弃的外科手套、办公室垃圾与废玻璃器皿、输血或输液使用后的针头、手术刀、切除的身体组织等。

在1989年,首次将医疗废弃物分为一般医疗废弃物和特殊医疗废弃物。特殊医疗废弃物又细分为病理性医疗废弃物、药物性医疗废弃物、感染性医疗废弃物、损伤性医疗废弃物、锐器、细胞毒性医疗废弃物、压力容器、化学医疗废弃物、放射性医疗废弃物9类,且每一类中都有具体含义,如传染性医疗废弃物指可能含有病原体的医疗废弃物:隔离病房的垃圾、物体或设备、被感染患者接触过的棉球(药签)、实验室培养体、排泄物、压力容器(气瓶、气溶胶罐和气体墨盒)。

4.1.4　我国医疗废弃物的分类回收方式

由于城市医疗废弃物的品种繁多,根据我国《医疗废物分类目录》,医疗废弃物分为 5 类,分别为感染性、病理性、损伤性、药物性和化学性医疗废弃物,并且对每类废弃物的特征和常见组分及废弃物的名称都做了详细说明。在此基础上,各个城市和大型医院也分别有自己的医疗废弃物分类指导准则,如新乡市医疗废弃物分类如表 4-3 所示,该准则具体列出了每类医疗废弃物应放入的容器或包装及标签等,指导性更强。

表 4-3　医疗废弃物分类

类别	特征	常见废弃物名称、组成成分
感染性	携带病原的微生物,具有传播危险医疗废弃物、引发感染性疾病特点	• 被患者血液、体液、排泄物污染的物品:一次性使用卫生用品、废弃的被服、棉球、棉签、引流棉条、纱布及其他各种敷料 • 使用后的一次性医疗器械和一次性医疗用品 • 由疑似传染病、隔离传染病患者产生的生活垃圾 • 病原体的标本、培养基和毒种保存液、菌种、各种废弃的医学标本、血清、废弃的血液
病理性	诊疗过程中产生的医学实验动物尸体、人体废弃物等	• 人体组织、器官 • 动物的组织、尸体 • 废弃的病理蜡块、人体组织等(病理切片后)
损伤性	医用锐器易刺伤或者割伤人体	• 医用锐器,包括:解剖刀、医用针头、手术刀、缝合针、手术锯等 • 载玻片、玻璃安瓿、玻璃试管等
药物性	过期、变质、淘汰、被污染的废弃药品	• 废弃的一般性药品:非处方类药品、抗生素等 • 废弃的遗传毒性药物和细胞毒性药物 • 可疑致癌性药物 • 免疫抑制剂、疫苗、废弃的血液制品等
化学性	具有腐蚀性、毒性、易燃性、易爆性化学废弃物	• 废弃的化学试剂 • 废弃的化学消毒剂 • 废弃的汞温度计、汞血压计

4.2 农村医疗废弃物的分类

4.2.1 我国农村医疗废弃物的构成

农村医院,包括县级医院、乡级医院和村卫生室,特别是乡镇医院和村卫生室多收治常见病,我国农村地区聚居较为分散,因此农村医疗机构每日产生医疗废弃物数量较少,种类单一,其中感染性医疗废弃物所占比例较小。例如对河南省随机调查的 26 个乡镇和 50 个村卫生室的医疗废弃物统计,得到医疗废弃物构成比例如图 4-3、图 4-4 所示。

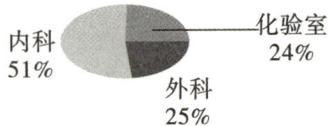

内科
51%

化验室
24%

外科
25%

图 4-3　乡镇卫生院医疗废弃物构成比例

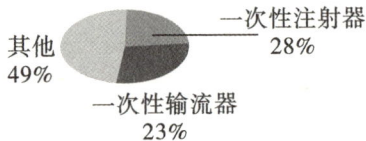

其他
49%

一次性注射器
28%

一次性输流器
23%

图 4-4　村卫生室医疗废弃物构成比例

乡镇卫生院医疗废弃物中,内科产生的医疗废弃物最多,为:输液袋、针管、棉签、玻璃安瓿、废瓶;外科:一次性手套、口罩、敷料(如纱布);化验室:血液、体液、分泌物等标本和容器。村卫生室医疗废弃物中,一次性注射器28%,一次性输液器23%,其他指纱布、棉签、输液瓶(塑料瓶)等。

4.2.2 农村医疗废弃物分类回收方式

4.2.2.1 农村医疗废弃物的特点

与城市相比,农村没有明确的医疗废弃物分类标准,或者分类标准含糊,不能完全按照城市医疗废弃标准分类,对于镇级医院和村级卫生室,由于医疗废弃物产生种类与城市不同,镇级医院应该根据自身的医疗废弃物的种类,重新分类,简化流程,制定符合医院性质的简单易行的分类标准,从而从源头上控制医疗废弃物的产生量。

4.2.2.2 农村医疗废弃物的分类方法

县级医院废弃物的种类与城市医院废弃物的种类相似,可以直接按照国家的标准分为5类。对于乡镇级和村级卫生机构,产生的医疗废弃物种类较少,数量也较少,可以参照日本的分类模式,进行简单分类,不必完全按照国家5类标准,可分为可回收利用医疗废弃物、感染性医疗废弃物、一般医疗废弃物3大类,便于管理,分类及具体废弃物名称如表4-4所示。

表4-4　乡镇、村级卫生机构医疗废弃物分类

废弃物种类	常见废弃物	收集方式
可回收利用医疗废弃物	• 未被患者血液、体液、排泄物污染的,不属于医疗废弃物的各种一次性塑料(玻璃)输液瓶(袋)	• 密闭容器集中回收处理
一般医疗废弃物	• 医务室及后勤处没有被感染的废弃纸张、食品等	• 按照一般垃圾回收处理
感染性医疗废弃物	• 锐器:注射针头、手术刀、针灸针、手术锯等	• 装入密闭不易刺破的利器盒并标志"金属类锐器"
	• 被患者血液、体液、具有传染性排泄物污染的废弃的棉纤维类废弃物,如纱布、绷带、棉签、棉球及其他各种敷料,废弃的污染棉被、衣服 • 塑胶类废弃物,如介入导管、一次性帽子、口罩、手套;病理性废弃物,如人体组织、器官等	• 专用带盖子的容器,标明"感染性医疗废弃物"

4.2.2.3 感染性医疗废弃物统一回收的必要性

医疗废弃物就近处理的弊端:村卫生室的医生担任处理职责,没有专门的操作技术,直接焚烧造成环境污染,不易被监管。WHO指出统一回收的优点:规模相对较大,由于规模经济会带了更多的收益,医疗废弃物处理厂的规模一般都较大,统一回收可以充分利用产能,对于以后的调整和扩张都会降低成本,私人企业更容易介入,政府更易监管,如果统一为一个企业负责,工人的技术水平会更高,对空气的污染程度会更低,且医院不用花时间和精力管理设备。

4.3 农村医疗废弃物的减量化分析

4.3.1 影响农村医疗废弃物减量化因素分析

4.3.1.1 减量化目标

由于医疗废弃物产生量较少,国家统计局及环保部没有专门的数据统计产生量,但医疗废弃物具有毒性、传染性、腐蚀性、潜在性等特点,对人体和环境带了很大危害,因此应该引起足够的重视,特别是随着我国医疗机构的增多,产生的医疗废弃物总量日渐增多,给环境污染也带来了重大危害,并且废弃物中感染性医疗废弃物的处理较为复杂,处理的费用较高,因此分析感染性医疗废弃物产生量的影响因素,减少感染性医疗废弃物的产生,对整体减量化目标的实现具有重要意义。

WHO 指出减量化包括 3 个方面:源头减量化、管理控制减量化、化学和制药产品库存管理减量化。具体细化如图 4-5 所示。

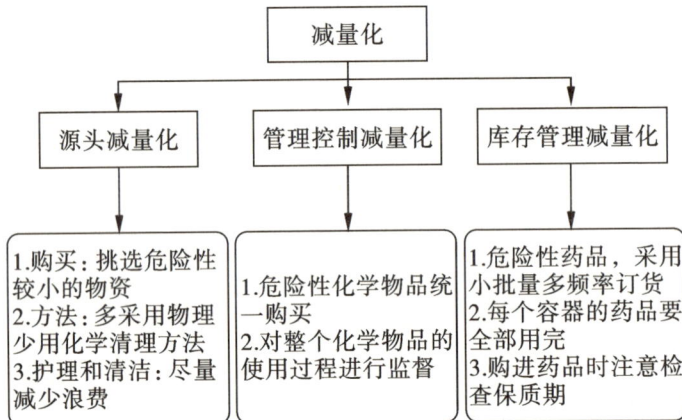

```
                      ┌──────────┐
                      │  减量化  │
                      └────┬─────┘
         ┌─────────────────┼─────────────────┐
   ┌──────────┐     ┌──────────────┐   ┌──────────────┐
   │ 源头减量化 │     │ 管理控制减量化 │   │ 库存管理减量化 │
   └─────┬────┘     └──────┬───────┘   └──────┬───────┘
   ┌──────────┐     ┌──────────────┐   ┌──────────────┐
   │1.购买:挑选  │     │1.危险性化学物品统│   │1.危险性药品,采用 │
   │危险性较小   │     │一购买          │   │小批量多频率订货   │
   │的物资      │     │2.对整个化学物品的 │   │2.每个容器的药品要 │
   │2.方法:多采用│     │使用过程进行监督  │   │全部用完          │
   │物理少用化学  │     │                │   │3.购进药品时注意检 │
   │清理方法     │     │                │   │查保质期          │
   │3.护理和清洁: │     │                │   │                │
   │尽量减少浪费  │     │                │   │                │
   └──────────┘     └──────────────┘   └──────────────┘
```

图 4-5 医疗废弃物减量化

从图中可以看出减量化行为渗透于医疗机构废弃物管理的各个环节,从药品的采购→库存管理→药品的使用,要加强各部分的管理与控制。再利用和资源化体现为以下几个方面:①医疗器械和设备尽量选用可重复利用的材料,如利器、玻璃瓶和玻璃容器等,使用后可以消毒后重新使用;②各种容器尽量二次使用,如有些装液体和气体的容器具有很好的抗压性不易被刺破,可以贴上标签后作为装锐器的容器;③废弃物中原材料的提取,如纸张、金属、玻璃、塑料等应分类回收充分利用;④在决定是否回收某些废弃

物时应该全面考虑,不仅考虑回收过程的成本和再利用产品的价值,更要考虑回收处理的费用成本。有些产品虽然回收利用价值不大但如果丢弃,处理成本很高,应该选择回收再利用。

4.3.1.2 医疗废弃物减量化的参与者分析

医疗废弃物管理的模式如图4-6所示,从图中看出医疗废弃物的分类涉及各个科室,具体到每个医生、护士、后勤人员、运输人员等,这些参与者是医疗废弃物管理路径中的重要执行人,他们的行为与医疗废弃物管理的分类环节是否能做到合理分类,达到减量化目标息息相关。如对于一次性输液袋的使用,主要是在护理过程产生,护士是主要的使用者和分类回收的处置者,所以一次性输液袋是否能合理使用、很好的分类,护士的行为非常重要。因此,重点研究医疗废弃物的相关人员的行为特征及影响因素,以达到减量化产生感染性医疗废弃物的目的。

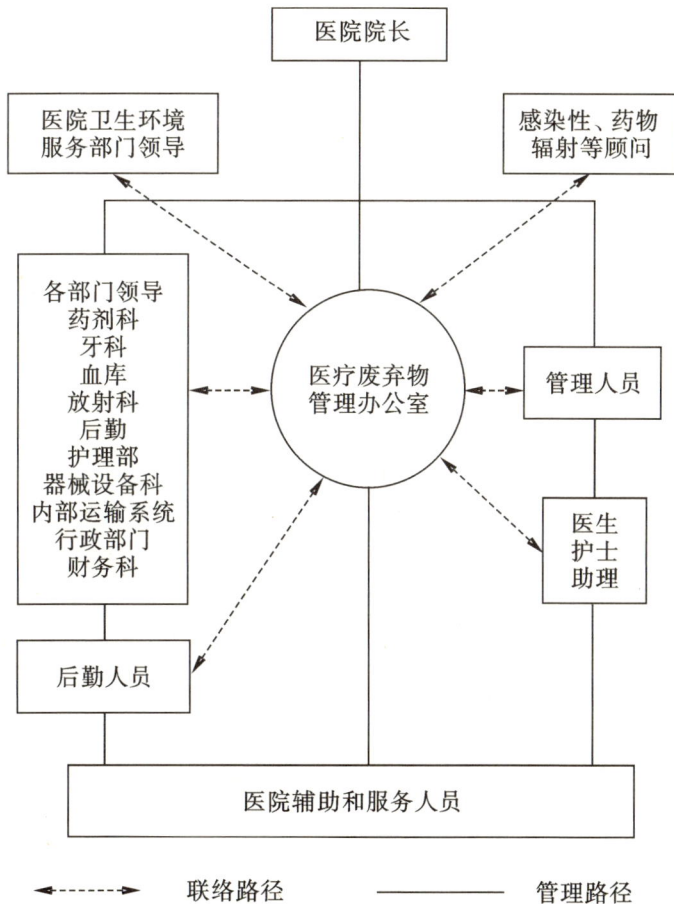

图 4-6 医疗废弃物管理模式

4.3.1.3 影响农村感染性医疗废弃物产生量的因素分析

正确的医疗废弃物分类,区分普通垃圾、可循环利用的医疗废弃物、感染性医疗废弃物,有利于减少感染性医疗废弃物的产生。县级和镇级医疗机构医疗废弃物的分类主要由护士等专业的医务人员完成,村级卫生室医疗废弃物由医生负责,因此感染性医疗废弃物的产生量与医务人员的行为有很大的关系。

4.3.2 减量化行为分析的理论基础

从环境行为角度,探讨医务人员的环境行为对感染性医疗废弃物产生量的影响。环境行为理论的研究已经形成了完备的体系,主要理论有理性行为理论、环境素养模型、A–B–C 理论、价值–信念–规范理论(VEN 理论)等,这些理论对环境行为的定义可以概括为:个人主观意识的环境保护观念、积极参与、实施行动从而达到保护环境的目的。这些理论从环境社会学、行为科学、心理学的角度提供了个人和环境关系分析的视角,剖析了个人环境行为的影响因素,为分析医疗废弃物的合理分类提供了理论基础。

4.3.2.1 环境行为理论

1)规范行为理论

美国学者 Schwartz 在 1977 年提出的规范行为理论,阐述了个人采取环境行为会受行为结果的影响,即行为如果产生好的结果,会达到良性循环,促使行为人继续实施环境行为。

如图 4–7 所示,规范行为理论描述的是从需要的意识开始到最后行为产生的全过程,其中情形再评估贯穿每个阶段,具体过程为:需要的意识包括自身的意识和情形再评估对它的影响;同样获得需要感受、感知、责任理解也都受到情形评估的影响;个人和社会规范的激励受到情形再评估和社会规范的影响;成本评估决定是否行为产生,同时成本评估的结果会作用于情形再评估,开始下一次的循环。此模型阐述了行为结果的反馈系统,当个人对行为结果有良性的评估时,这种评估会作用于行为产生的各个阶段,从而使良性的结果继续加强。

同样对于医疗废弃物管理中感染性医疗废弃物的减量化目标,医务管理相关人员的环境行为受到社会规范、个人条件等内外部因素的影响,同时他们会对自身的行为效果进行评估,如果法律制度、政府监管、经济发展等外部条件逐渐良性化,这种变化会使行为者对成本评估产生良性结果,作用于行为者的感受、感知、责任等从而影响最后的行为,使医疗废弃物进行合理化分类,从而达到减少感染性医疗废弃物的目的,实现减量化,同时降低了医疗废弃物处置的整个成本。

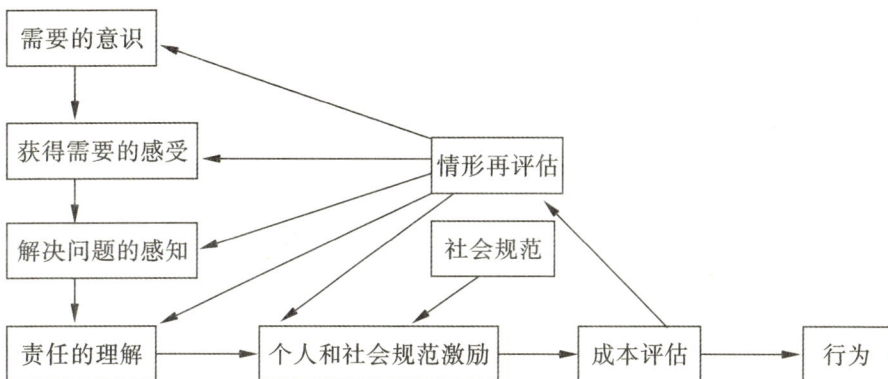

图 4-7 Schwartz 规范行为理论模型

2）A-B-C 理论

Guagnano 的 A-B-C 理论，考察在外部条件（condition，C）影响下，个体不同态度（attitude，A）对行为（behavior，B）的作用。认为环境行为是由一系列具有因果关系的内部因素和外部因素相互作用的结果。如图 4-8 所示，其中横轴表示外部条件，指物质条件、资金条件、法律和社会条件等外部条件，其中支持为有利条件，反对为不利条件。纵轴表示态度，指个体实施合理分类的态度，其中积极态度为个体在非强制条件下，主动实施医疗废弃物合理分类的态度；消极态度为个体在强制条件下实施医疗废弃物合理分类的态度。图中行为发生区又可细分为两部分：第一部分为在积极态度和有利外部条件下，行为发生；第二部分为当个人态度消极但外部条件有利时，行为也发生，这充分说明外部条件的重要性。同样行为不发生也可以细分为两个部分：第一部分为当外界条件不利，个人态度消极时，行为不会发生；第二部分为当个人态度积极但外部条件不利时行为不会发生。从图中充分说明外部条件的重要性。当外界条件不利时，环境行为的发生和个人态度紧密相关，改变主观态度行为才能发生。

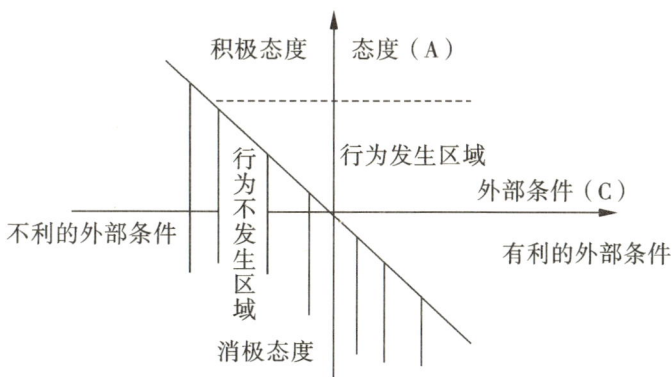

图 4-8 A-B-C 理论

4.3.2.2 减量化行为的综合分析

Schwartz 的规范行为理论,阐述了个人采取环境行为会受行为结果的影响,即行为如果产生好的结果,会达到良性循环,促使行为人继续实施环境行为。Guagnano 的 A-B-C 理论则从外部条件、个人主观态度两个影响因素,阐述了环境行为发生的原因。结合这两个环境行为理论从医务人员的环境行为影响因素的角度出发建立系统动力学模型,从定量的角度阐释各种外部条件对感染性医疗废弃物产生量的影响。

医务人员的减量化行为,不应仅从分类环节考虑行为,应把分类环节放在医疗废弃物回收处理系统的整个过程中,综合考虑其他环节对它的影响,把它放在更宽的角度去审视和考虑。参照 Kibert 构建的可持续建造模型,建立医疗废弃物减量化处理的三维一体模型,如图 4-9 所示。运用环境理论和组织行为理论,从微观到宏观,从医务人员、医疗机构和政府 3 个层面分析影响医疗废弃物合理分类的因素,同时把医疗废弃物的分类环节放在与医疗废弃物回收处理相关的几个环节中综合考虑,由于各环节彼此联系,互相影响,如对一次性输液瓶(带)的集中收集,医疗机构医疗废弃物暂存点的建设、回收,车辆路径优化等这些设施及网络的构建等都有利于促进医疗废弃物的合理分类,在考虑分类环节医务人员行为时,必须同时考虑收集、回收、运输、处理等其他环节的影响。

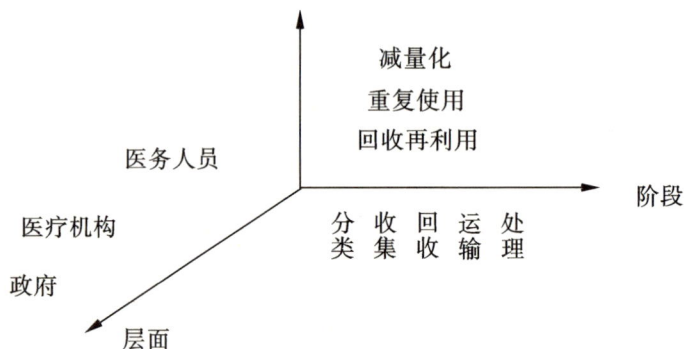

图 4-9　医疗废弃物分类影响因素模型

4.3.2.3 影响感染性医疗废弃物减量化行为的因素

通过对规范行为理论及 A-B-C 行为理论的分析得出,影响减量化的行为因素可以从医务人员、医疗机构和政府 3 个层面研究,这些因素互相影响、互相制约,共同决定了医疗废弃物的减量化行为是否可以实施。

1）医务人员态度

医务人员态度包括相关人员的环境保护意识、学历、年龄、对废弃物减量化的认识等。

2）医疗机构的设施

医疗机构的设施主要指与医疗废弃物回收处理相关的设施,包括医疗废弃物容器、医院内部废弃物转运专用车及医疗废弃物分类信息技术需要的设施,如条码技术、终端设备等,设施的便利化可以促进医疗废弃物的合理分类,同时还包括相应的监督措施(如电子监控等)。

3）政府层面

政府层面包括两个大的方面即经济和政策,经济是指国家的经济发展水平,这里用 GDP 来表示,经济发展水平提高,相应的对医疗废弃物管理投资的公共设施建设成为可能;法律和制度包括政府制定的法律制度及区域医疗废弃物管理的相关政策和措施,这些措施保障了医疗废弃物的合理分类。

同时国家经济水平的发展是否会增加政府对医疗废弃管理的投资,起关键性作用的是管理者的态度,管理者的重视程度决定了是否进行投资;同时管理者的态度决定了法律政策是否能够执行。因此加入管理者的态度指标。

4.4 医疗废弃物减量化行为的系统动力学分析

4.4.1 模型构建的依据

系统动力学方法在废弃物管理中的应用,文献主要有:侯燕等运用计划行为理论,采用系统动力学模型,模拟了管理系统中微观和宏观影响因素随时间变化对生活垃圾产生量的相互作用,结果显示,从源头减量对减少生活垃圾的重要意义。毕贵红和王华用系统动力学模型,对城市固体废弃物管理中的3种政策情形进行模拟,结论表明在废弃物管理中必须在源头运用收费、法规等政策手段,促使居民参与医疗废弃物管理,提高废弃物管理的效率,降低非法处置率。

用系统动力学方法,对医疗废弃物管理系统分析,如 Derar 等用系统动力学建立模型,以巴基斯坦地区医院的数据为样本,分析影响医疗废弃物产生的因素,对发展中国家固体医疗废弃物的成分和产生量进行预测,对有效管理废弃物提供了很好的依据,同时阐明了这种方法作为解决不确定性问题及因果分析模型比传统的最小二乘法相比有很好的优势;Nesli 和 John 用

系统动力学方法建立模型对土耳其伊斯坦布尔的医疗废弃物管理分析预测,提出医疗废弃物分类不合理,大量普通废弃物混入传染性医疗废弃物中,且传染性医疗废弃物处理方法复杂,成本较高,这样增加了医疗废弃物处理的总成本,造成了不必要的浪费,找出影响医疗废弃物合理分类的因素,通过软件模拟从 2007~2040 年,在不同的分离率下,感染性医疗废弃物的产生量不同,同时提出了提高分离率的建议。国内没有文献应用系统动力学模型对医疗废弃物管理或者产生量进行模拟。

从环境行为角度,分析行为对医疗废弃物管理中的产生及回收等影响的文献主要有:谭晓宁从微观和宏观 2 个层次,个体行为、组织内部环境和社会环境 3 个角度,分析影响建筑废弃物减量化的因素,从环境行为理论视角出发,确立了减量化行为的决定因素。陈占锋等用结构模型方程对影响电子废弃物回收行为的影响因素进行探讨,得出行为控制、经济成本、环保认知、回收态度和信息宣传等变量对行为意向的影响显著。朱姣兰、李景茹通过实地调研和访谈,探讨了施工人员建筑废弃物减量化行为的影响因素。

本文在以上文献分析的基础上,从环境行为的视角,宏观、微观 2 个方面,政府、医疗机构、医务人员 3 个层次,分析影响农村医疗废弃物分类回收的因素,探讨医疗废弃物源头减量化的方法。

4.4.2　系统动力学模型构建

4.4.2.1　系统动力学方法介绍

系统动力学最早由美国麻省理工学院教授福瑞斯特在 1956 年提出,随后广泛应用于社会经济、管理、科技和生态等各个领域。经济社会系统与稳定系统不同,具有非稳定、非平衡,且是动态变化系统,因此不能用传统的方法来解决。福瑞斯特在假设社会经济系统为非平衡系统的基础上,构建了美国国家经济系统动力学模型。该模型把整个系统作为一个整体,能够在非完备信息条件下,从系统内部寻求相关变量的影响因素,探讨和拟合系统的动态变化,从而求解复杂问题。以信息反馈系统为基础,通过计算机仿真,定量研究复杂系统的动态发展,研究自然科学和社会科学的交叉学科,主要研究社会经济系统的战略与决策问题,因此也被称为"战略与策略实验室"。通过仿真模拟各种控制因素对系统稳定性或发展趋势的影响,根据结果重新调整系统或改变方针政策,为战略决策提供依据。

4.4.2.2　农村医疗废弃物管理系统流图

以乡镇医院为例,分析影响医务人员减量化行为的因素,根据 Schwartz 的规范行为理论,得出好的行为即分类率高的行为,会减少感染性医疗废弃物的产生,这种好的结果会促使行为人继续实施环境行为。感染性医疗废

弃物的分类系统是一个循环具有反馈的系统,因此用系统动力学的方法,建立感染性医疗废弃物模型的流图(图4-10),表示因果关系环中各变量间的相互关系。

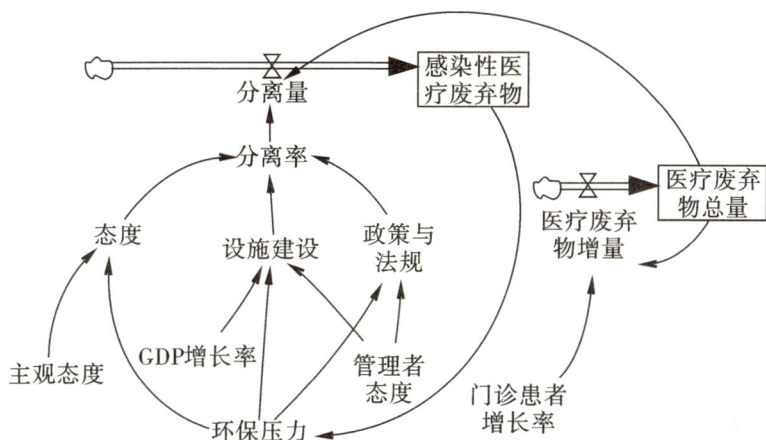

图4-10 农村医疗废弃物管理系统流

从上面的分析发现,感染性医疗废弃物的量由医务人员的分类回收得到,因此医务人员的行为影响医疗废弃物的数量,重点分析医务人员的环境行为。影响医务人员环境行为的因素主要有自身因素和外部条件,外部条件包括两大类:法律法规管理因素,如乡镇医院的规章制度、法律,各项管理监督;经济因素包括,对医务人员的奖励、感染性医疗废弃物和可回收医疗废弃物回收容器的配置、暂存处的建设及改造、医院内部运输车辆的配备等。

4.4.2.3 方程设置与模型构建

1)农村医疗废弃物增长率和经济发展水平设置

由于农村医疗废弃物增长量没有确切数据,且在农村医疗门诊病历较多,因此用2009~2013年我国门诊病例人数增长率的均值代替农村医疗废弃物的增长率(图4-11)。

门诊病人增长率=(12%+6.4%+7.4%+9.9%+6.1%)/5=0.083 6

用GDP代表一国经济的发展水平,从2014年起,我国经济进入新常态,GDP稳定在7%左右,因此用7%代表经济发展水平。

2)分离率、态度等变量设置依据

感染性医疗废弃物的分离量是一个积分量,医疗废弃物的分离率主要受相关人员态度、政策与法规和设施建设影响,借鉴王其藩、贾建国在加入WTO对中国轿车市场需求影响研究一文中,对轿车增长率的设置方法,设置

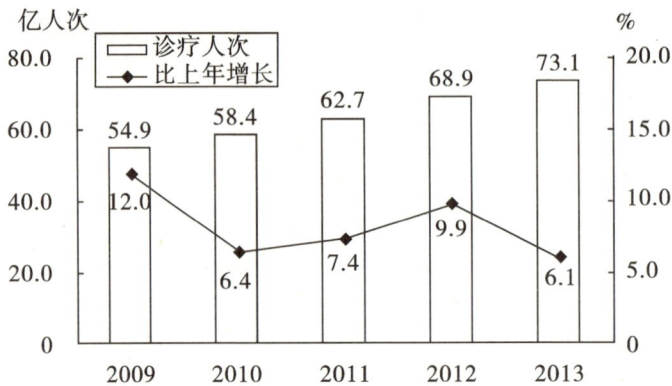

图4-11　2009～2013年我国门诊病例人数增长率的均值

如下：

$$轿车增长率 = (交通因素)^{0.3} \times 经济因素^{0.4} \times 消费心理因素^{0.2} \times$$
$$政策因素^{0.1} \times 轿车消费满足程度$$

本书设置分离率、态度等变量也为指数函数，取值范围为0～1。

3）常量方程设置

C为constant缩写，表示常量方程。

门诊患者增长率=0.836

GDP增长率=0.7

主观态度=0.3

管理者态度=0.3

4）辅助变量方程设置

A为auxiliary缩写，表示辅助变量方程。

$$分离率 = 态度^{0.2} \times 政策与法规^{0.6} \times 设施建设^{0.2}$$

分离量=医疗废弃物总量×（1-分离率）

医疗废弃物增量=医疗废弃物总量×门诊患者增长率

$$态度 = 主观态度^{0.8} \times 环保压力^{0.2}$$

$$政策与法规 = 管理者态度^{0.6} \times 环保压力^{0.4}$$

$$设施建设 = GDP增长率^{0.4} \times 管理者态度^{0.4} \times 环保压力^{0.2}$$

环保压力 = with lookup（感染性医疗废弃物，{[（0,0）-（100,1）]，
（4.892,0.070），（22.935,0.179），（37.003,0.285），（48.012,0.355），
（56.574,0.482），（67.889,0.543），（69.113,0.570），（74.311,0.596），
（82.263,0.701），（88.685,0.811），（96.941,0.864）}）

5)水平变量方程设置

L 为 level 的缩写,表示水平变量方程。

医疗废弃物总量=INTEG(医疗废弃物总量×门诊患者增长率,医疗废弃物总量初始值)

$$感染性医疗废弃物量=INTEG[医疗废弃物总量×(1-分离率),分离量初始值]$$

6)分离率

Chaerul 等提到在医疗废弃物中,有 75% ~ 90% 的废弃物为一般的没有感染性的医疗废弃物,世界卫生组织和美国环保局也指出在医疗废弃物中,仅有 10% ~ 25% 的医疗废弃物为感染性医疗废弃物。因此在医疗废弃物中合理分类,正确分离感染性医疗废弃物,是减量化的关键。

这里定义分离率,表示对可回收医疗废弃物、一般医疗废弃物及感染性医疗废弃物的分类的正确分类,完全按照分类细则分类代表分离率高,反之则低,取值范围为 0 ~ 1,如果完全正确分类,则为 1,否则为 0。

4.4.3 系统仿真结果分析

为进一步探析医疗废弃物相关人员环境行为演化规律,在分析相关人员环境行为影响因素基础上利用系统动力学原理,构建医疗废弃物管理环境行为影响因素系统模型。运用 Vensim 软件,仿真分析经济、政策和个人主观态度等对环境行为的动态影响,从而对感染性医疗废弃物产生量的影响,实现各变量相互作用演化过程的动态模拟仿真。

4.4.3.1 管理者态度变化对各个相关变量的影响

这里管理者的态度是指各级政府及医院管理者的态度综合,假设管理者的态度取值为 0 ~ 1,把管理者的态度分为三大类:积极态度用 0.9 表示,略微积极用 0.675 表示,基本不作为的消极态度为 0.15,通过动态仿真,管理者 3 种态度变化对各相关变量的影响(图 4-12)。

1)对设施建设的影响

从图 4-13 可以看出,设施建设在 3 种不同管理者态度下,设施建设的构建程度不同。在积极的管理者态度下,在 1 年半可以达到 0.8 的水平;在消极态度下,在 1 年左右的时间达到了 0.5 左右,就不再变化。设施建设的趋势线最后达到稳定状态不再变化同时说明,设施建设除了受管理者态度影响外还有别的因素,如政策法规、经济条件等因素综合作用。

管理者态度

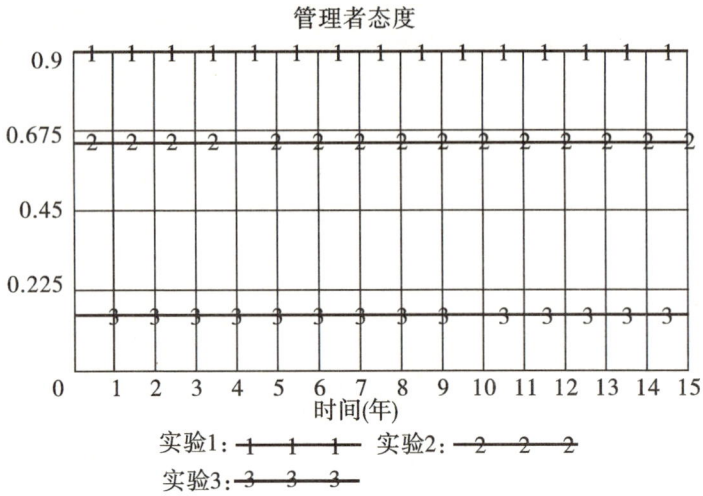

图 4-12　管理者的 3 种态度

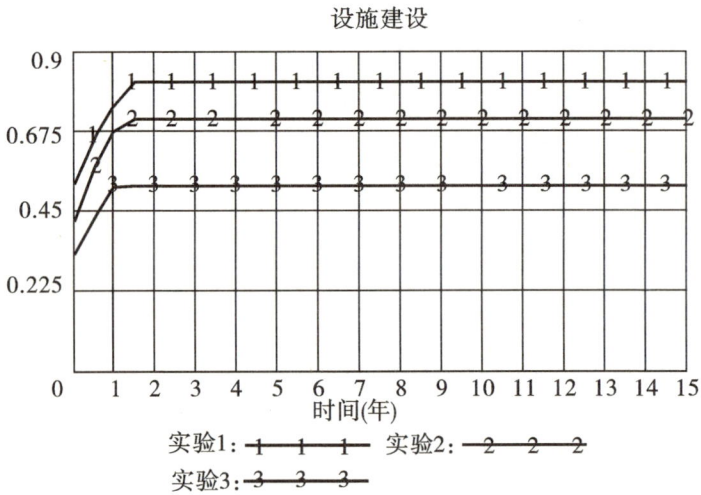

设施建设

图 4-13　管理者 3 种态度下,设施建设的变化

2)对政策与法规的影响

从图 4-14 看出,管理者的态度对政策与法规的影响也呈现 3 种状态。在积极的态度下,政策法规的完善程度达到了 0.9,在消极状态下,为 0.45。同时通过和图 4-13 的比较发现,管理者的态度对政策与法规的影响比设施建设更强,充分说明政府态度对推进我国医疗废弃物管理法律和制度、政策的重要性。

政策与法规

实验1：——1——1——1——　实验2：——2——2——2——
实验3：—3——3——3—

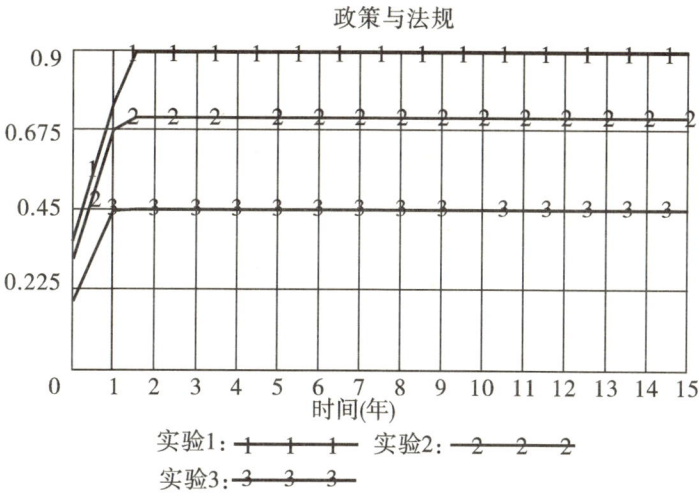

图 4-14　管理者 3 种态度下,政策与法规的变化

3)对医疗废弃物管理相关人员态度的影响

对相关人员的态度影响是间接的反馈,从图 4-15 看出,对态度的影响的趋势最后趋于同一条直线,在前期的 3 条线收敛的速度不同,在积极的管理制度下,迅速收敛,在消极态度下稍慢,但最后 3 条线均收敛到 0.375,这个值并不高。说明相关人员的态度除了受管理者态度的影响之外还受其他因素影响,如个人的主观态度(这里假设的主观态度值为 0.3,这也是造成态度值收敛到 0.375 附近的原因)、设施构建、经济因素等多种因素综合作用。

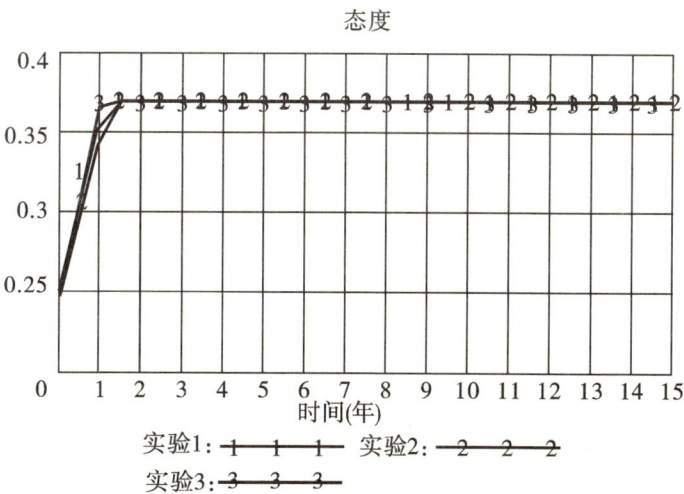

态度

实验1：——1——1——1——　实验2：——2——2——2——
实验3：—3——3——3—

图 4-15　管理者 3 种态度下,个人态度的变化

4）对分离率的影响

对分离率的影响是考察问题的最后结果，从图4-16中看出，在管理者的3种不同态度下，感染性医疗废弃物的分离率不同，在管理者的积极态度下，在1年半时间分离率超过了0.7，在此达到稳定状态；在消极态度下，分离率在1年时间达到0.43附近就稳定下来。说明管理者的态度对医疗废弃物的分离效果有重要影响。

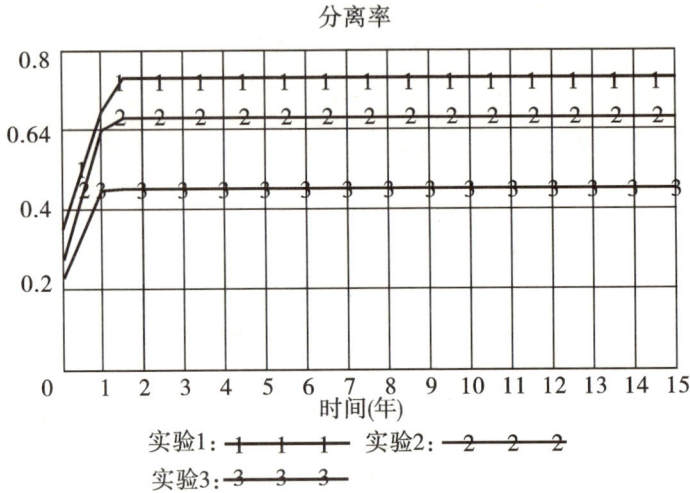

图4-16　管理者3种态度下，分离率的变化

5）对感染性医疗废弃物的影响

图4-17中3条线的趋势在10年之后才有变化的不同，由于假设医疗废弃物总量的初始值为100，数量较少，此模型仿真医疗废弃物从最初的少量逐渐增长过程中，各变量的变化对感染性医疗废弃物产生量的影响。3条线10年中变化不明显恰恰说明在医疗废弃物总量较少时，管理者态度对感染性医疗废弃物产生量的影响不明显。随着医疗废弃物总量的不断增多，管理者的态度对感染性医疗废弃物量有非常明显的影响。图中曲线1和曲线3的比较，充分说明，废弃物的量在第15年时，曲线1和曲线3的感染性医疗废弃物的量差别最大，按照这样的趋势，曲线1和曲线3的差别会越来越大。图像阐明了在医疗废弃物总量不断增多的现在，管理者态度的重要性，在医疗废弃物逐渐增多的状态下，必须加强政府的监管。

感染性医疗废弃物

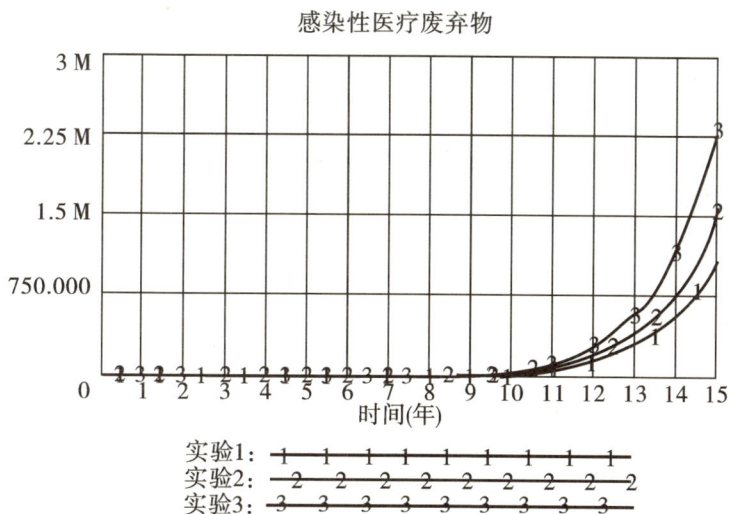

图4-17　管理者3种态度下,感染性医疗废弃物产生量的变化

6) 各个图像的综合趋势分析

从上面的图像综合比较发现,在管理者三种不同态度下,其他相关变量都发生了明显的变化,设施建设、政策与法规、态度和分离率的图像在2年之内就达到了稳定的状态,说明管理者态度的变化对这些变量的影响效果还是比较快的。同时说明政策的变化对各变量的作用效果在2年之内就可以体现。

最后一个图呈现的是各变量综合变化的效果,对感染性医疗废弃物的影响,同时呈现了医疗废弃物从少量到逐年增多过程中,政策变量的作用效果,图像在10年后变化明显,恰恰说明在医疗废弃物总量逐年增多的今天,制度政策的重要性。

4.4.3.2　模型的灵敏度分析

以上各图动态地模拟了管理者态度变化对各相关变量的影响,在此模型中相关人员的主观态度变化也会引起感染性医疗废弃物的量变化,上面模型中采用的值为0.3,基本代表农村医疗废弃物管理的现状,农村医疗废弃物管理的相关人员学历水平、认识水平偏低,因此采用0.3的值,但经过政策调整、不断的培训、完备的监督体制和设施建设的不断完善,感染性医疗废弃物的分离率也会不断提高,感染性医疗废弃物的量会相对下降。

在模型构建时,各变量的变化对整个模型的影响。如环保压力为随医疗废弃物总量变化的with lookup函数,用的是增函数,这个函数趋势的变化也会影响整个模型的效果;如分离率、政策与法规、态度、设施建设等变量采

用的是道格拉斯函数形式,表示各变量对它的影响,采用的是专家咨询法确定的权重,这些权重的变化也会影响感染性医疗废弃物的量。

4.4.3.3 模型讨论

系统动力学模型可以在复杂系统变量间关系不确定条件下及数据缺失条件下利用 lookup 函数、with lookup 函数、随机函数、方程设置等达到量化分析的目的,模型不同政策状态下的系统变化效果,在我国,医疗废弃物相关数据缺乏,统计年鉴及医疗机构均没有规范数据,农村医疗废弃物的相关数据更为缺乏。在此状态下,利用调研结果的数据结合专家咨询法,构建基于环境行为的农村医疗废弃物管理系统动力学模型,旨在研究各种政策的效果对感染性医疗废弃物数量的影响、政策作用效果的时间区间等问题,通过仿真模拟达到了较好的效果。同时为感染性医疗废弃物减量化实施提供了重要参考依据。

4.5 本章小结

本章首先对日本、美国等发达国家的医疗废弃物分类进行阐述,然后分析了世界卫生组织和我国相关文件对医疗废弃物分类回收的规定,在借鉴世界先进国家的基础上,提出我国农村医疗废弃物的分类回收方式。

在分析我国农村与城市相比废弃物的构成、特点的基础上,把我国农村医疗机构中乡级和村卫生室的医疗废弃物分为:可回收医疗废弃物、一般医疗废弃物和感染性医疗废弃物 3 大类,并指出分类回收的重点为感染性医疗废弃物的减量化。

以环境行为为视角,从个人、组织和政府 3 个角度,分析减量化行为的影响因素,如个人态度、经济因素、法律法规、政府态度等,构建基于系统动力学的动态感染性医疗废弃物管理模型,仿真在不同的政策背景下,感染性医疗废弃物管理系统中各量的动态变化,为我国政府和地方政府医疗废弃物管理政策的制定和监督提供了可视化的强有力支撑。

第5章

农村医疗废弃物暂存处选址研究

5.1　农村医疗废弃物回收处理网络的构建

5.1.1　医疗废弃物回收处理网络类型

5.1.1.1　逆向物流

美国物流管理协会(Couneil of Logisties Management，CLM)给出逆向物流的定义为：为重新获取利润或恰当处理，使相关物品和信息，如计划、实施和原料控制、半成品库存、制成品及信息等成本经济且高效地从消费地到达起点的过程。

我国《中华人民共和国国家标准·物流术语》把逆向物流分为 2 类：废弃物物流和回收物流。废弃物物流是把失去使用价值的物品通过收集、分类、包装、加工、运输、储存等过程，分别送到专门的处理场形成的物品流动；回收物流把物品从需方返回到供方所形成的流动，这些物品包括退货、不合格物品返修及周转使用的包装容器等。

根据我国对逆向物流的定义，医疗废弃物的回收属废弃物物流，回收应由专门的医疗废弃物回收企业进行，属于第三方逆向物流。

5.1.1.2　逆向物流网络分类

逆向物流网络按照回收产品的不同可以分为：可直接再利用逆向物流网络、再循环逆向物流网络、再加工逆向物流网络和商业退货逆向物流网络，各回收网络的回收产品类型和功能如表5-1所示。

表 5-1   逆向物流网络类型

类型	回收产品	网络要求	网络特点
可直接再利用	可直接利用的产品如包装等	简单处理如清洗、检查、修补等	由于再利用和原始利用基本相同,多为闭合环状结构分散型网络结构
再循环	价值低的产品如纸张、塑料、金属等	先进的处理技术和设备	需要批量处理,形成规模经济,网络模型简单,层次不多
再加工	回收产品价值高如复印机、旧电脑等	需要生产设备处理如打磨、修理等	大多在正向物流的基础上扩展逆向物流
商业退货	商业回收或客户退货如有缺陷的产品	回收产品重新分类,采取相应措施如再销售、降价或修复销售等	一般要建立分销中心或者检查中心

5.1.1.3   医疗废弃物回收网络的分类

医疗废弃物的回收物流与一般逆向物流相似,但具有其独特性,按照医疗废弃物性质,分为可回收医疗废弃物、一般医疗废弃物和感染性医疗废弃物三大类为例,建立相应的逆向物流网络。

1)可回收医疗废弃物的回收网络

对于一次性塑料(玻璃)输液瓶(袋)等可回收废弃物,由于医疗废弃物具有特殊性,需要专门的有资质的企业来回收,根据《关于明确医疗废弃分类有关问题的通知》卫办医政发[2005]292 号规定,使用后没被污染的一次性塑料(玻璃)输液瓶(袋),不必按照医疗废弃物进行管理,但回收利用时不能用作原用途,应该以不危害人体健康为前提,用于其他用途。如 2010 年在上海市固体废弃物处置中心新建了一个集中回收利用基地,基地同时负责配送和运输,对全市一级及一级以上 600 多家医疗单位使用的医用一次性塑料(玻璃)输液瓶(袋)统一回收处置,达到安全、可靠的废弃物资源化。根据医疗废弃物的材质不同、用途不同,玻璃容器破碎后送到玻璃厂;塑料容器去除标签纸、橡皮头,瓶体破碎造粒后,作为汽车零件配件、周转箱和医疗废弃物包装袋。

对于可回收医疗废弃物属于再循环逆向物流网络,根据我国医疗废弃物分类的规定,这些废弃物不是必须在 24 小时内运输完毕,因此回收处理网络对时间的要求不高,对于乡镇和村级卫生机构,可以暂时保存,达到一定数量再收集,回收处理的网络如图 5-1 所示,回收废弃物先从医疗机构送到

暂存处,再由回收利用中心负责收集运输,进行加工处理,生成新产品重新进入非医疗机构进行流通;废弃材料作为普通垃圾处理。这种企业由于收集的废弃物属于低价值产品,一定要形成规模收益。网络和一般逆向物流的网络相似,因此不专门研究。

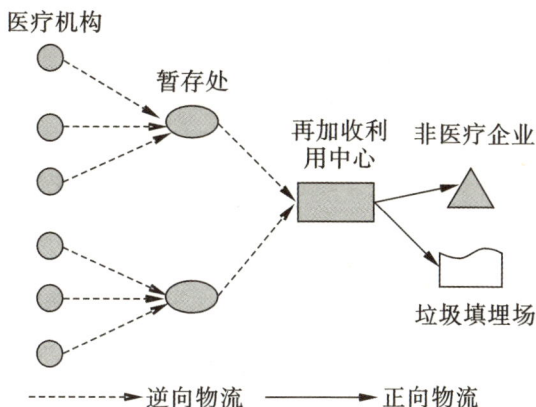

图5-1　可回收医疗废弃物的回收网络

2)一般医疗废弃物的回收网络

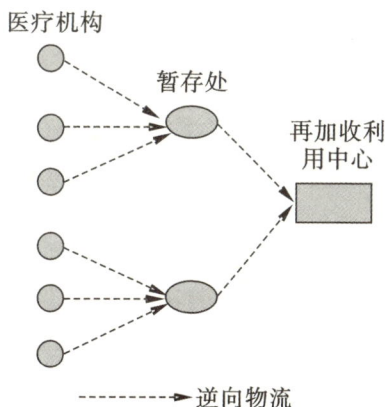

一般医疗废弃物作为普通垃圾处理,可以按照普通垃圾的回收运输路线进行(图5-2)。

3)感染性医疗废弃物的回收网络

由于感染性医疗废弃物的特性,网络对时间的要求比较严格。村卫生室产生的医疗废弃物数量较少,需要先集中后,再由医疗废弃物处理厂统一收集、运输(图5-3)。

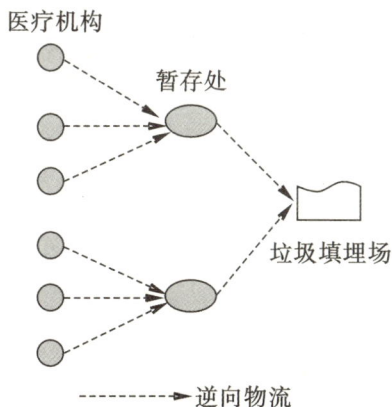

图5-2　一般医疗废弃物的回收网络　　图5-3　感染性医疗废弃物的回收网络

5.1.2 我国农村医疗机构分布特征

5.1.2.1 村庄的分布特点

我国村庄按照人口的聚集程度分为两大类：散村和集村。

1）散村

人口聚集度较低，一般远离城市，交通不便，经济和文化相对落后，居民的生活水平偏低，一个村落的居民基本上是同一种职业如种植、养殖等，社会关系相对简单，与外界的交流度偏低，此类村庄居民房屋一般距离较远，呈点状分布，随着我国城镇化建设的步伐加速，散村正在逐渐向集村过渡。此类村庄服务部门较少，卫生所数量较少，医疗废弃物产生量较少，对环境危害较小，按照我国《医疗废物管理条例》，此类属于偏远山村地区的医疗废弃物采取就地焚烧方法。

2）集村

人口聚集度较高、规模较大的村庄，一般靠近城市，交通便利，经济文化水平较高，此类村庄居民房屋一般距离较近，呈片状、线状分布，这类村庄是我国城镇化发展的主要类型。村庄服务部门较多，基本每个村庄都设有卫生所，有些较大的村庄有 2～3 个卫生所，由于人口密度较大，产生的医疗废弃物较多，对环境的危害大，应该采取统一回收的方法。这类村庄是本书研究的重点。

5.1.2.2 乡镇的分布特点

我国乡镇的平均分布密度为 0.46 个/100 平方千米，东南部比较密集，西北部比较稀疏，密度较高的地区有长江三角洲地区、冀鲁豫地区、山西省中部地区和川东、渝西地区，乡镇密度均在 2.0 个/100 平方千米，密集度最高的为 4.5 个/100 平方千米，密度稀疏的地区为云南、贵州、辽宁等。本书选择人口密度为 2.0 个/100 平方千米的地区，具有代表性，选择河南省新乡市为例。通过村镇分布特点的分析发现，村庄与其距离最近的乡镇的关系可以分为两大类：第一，以镇为中心辐射村庄；第二，几个村庄距离较近但距离乡镇较远，如打开新乡市获嘉县的地图，发现张庄村、固县村、寺后村、职王村、赵圪垱树村这些村庄距离较近，离冯庄镇较远，因此从距离的远近考虑，采用村医疗废弃物直接送到乡镇的收集方法，显然是不合理的。

与城市相比，村镇的地域广泛，人口密度较小，产生的医疗废弃物较为分散，统一收集比城市更复杂，要充分考虑运输的距离，为此建立医疗废弃物暂存处，相邻村镇的医疗废弃物可以由村卫生室先送到暂存处，然后再由医疗废弃物处理企业统一回收处理，送往暂存处时可以按照废弃物量的大小选择合适的容器和运输工具，节省成本。

5.1.2.3 乡级、村级卫生机构数量及特点

从表5-2看出乡镇卫生院从2008～2013年有逐渐减少的趋势,但趋势不明显,特别是从2012～2013年变化不大,2013年为37 015个;村卫生室从2008～2013年有波动增加趋势,但总体增幅不大,2013年为648 619个;村级与乡镇级卫生院比例为波动增加趋势,从2008年的15.69%到2013年的17.52%;从表看出从2008年开始设卫生室的村数占行政村数也是波动增加趋势,从2008年的89.4%到2013年的93.0%。由于村卫生室的位置没办法找出具体坐标,因此用行政村的位置代替村卫生室的位置是科学合理的。

表5-2　乡级、村级卫生机构数量及比例

指标	2013	2012	2011	2010	2009	2008
乡镇卫生院数(个)	37 015	37 097	37 295	37 836	38 475	39 080
村卫生室数(个)	648 619	653 419	662 894	648 424	632 770	613 143
村、乡卫生机构比例(%)	17.52	17.61	17.77	17.14	16.45	15.69
设卫生室村占行政村比例(%)	93.0	93.3	93.4	92.3	90.4	89.4

5.2　暂存处选址优化理论依据及模型分类

5.2.1　选址模型的构建依据

5.2.1.1　公共设施的特征

公共设施分为基础设施和配套设施。基础设施是为保证国家或地区社会经济活动正常进行的公共服务系统,是社会生产与发展的物质基础,它是为社会生产和居民生活提供公共服务的设施。配套设施是为保证基础设施得到更好的服务、实现保值和增值功能的设施。医疗废弃物暂存处是为医院等卫生机构更好的服务,发挥更大作用的配套设施。医疗废弃物暂存处为公共设施,它的选址与布局除满足公共设施选址的一般特征外还具有其独特性,总结为以下几个方面。

1)社会效益为主

公共设施选址要同时考虑经济效益、社会效益、生态效益、人文因素等,传统的选址模型追求投入最小、经济效益最大化;公共设施选址则追求社会效益,让尽可能多的人享受社会福利,通常由政府投资。作为区域长期发展的必备设施,暂存处选址时,要把社会效益放在首位,兼顾经济效益和生

态效益,在政府财政和预算约束下,科学布局,合理规划,以最小的社会成本满足布局最优。

2)科学性与超前性

暂存处的选址必须建立在对医疗废弃物产生量、医疗机构的地理分布等科学分析的基础上,按照实际需要进行布局。同时公共设施的服务时间一般较长,选址应该在预期发展水平的基础上适当超前。

3)充分考虑"邻避效应"

环境市政设施如垃圾焚烧场、中转站、填埋场等,对周围居民具有较强的负面环境影响,遭到临近居民的反对和抵制,这种现象称为"邻避效应"。垃圾处理设施是邻避程度最高的公共设施之一,同样暂存处作为医疗废弃物处理设施,也具有较高的邻避度,因此在选址时要充分考虑设施的科学防护距离和居民的心理可接受距离。

5.2.1.2 设施选址模型介绍

1)经典的选址模型

选址模型研究开始于20世纪60年代,选址模型按照决策目标不同分为覆盖模型、中位模型、中心模型,学者们对这3个模型的研究较多,以后的现代选址模型都是在此基础上拓展和延伸的,因此称它们为经典的选址模型。具体如下:

第一,覆盖模型,可以分为2类:最大覆盖模型和集合覆盖模型。最大覆盖模型研究设施在满足一定目标约束的条件下,尽量覆盖最多的需求点,该模型为NP困难问题。集合覆盖模型研究设施在覆盖所有需求点的前提下,建立个数最少或者建设成本最小,Karp证明集合覆盖模型为NP完全问题。对于此类问题的求解,算法有对偶启发式算法、代理启发式算法、次梯度优化和拉格朗日松弛算法相结合、贪婪算法和遗传算法等。集合覆盖的基本思想为寻找最少的能覆盖所有收集点的临时储存处的集合。对于小规模问题的求解,一般用分支定解法,此方法计算量较大,但比较精确;对于较大规模问题的求解,为了减少计算量,可以采用启发式算法,该算法虽不能保证解最优,但可以保证解的可行性(图5-4a、图5-4b)。

第二,中位模型,假设给定设施数为 P,每个节点既是设施点又是需求点,求需求点到分配设施点的平均权重距离最小。Garey 证明了中位模型为NP困难问题。

第三,中心模型也叫 Minmax 模型,是在已知设施个数的条件下选址,使任意需求点到离它最近设施的最大距离最小。

2)拓展的选址模型

在原有选址模型的基础上又拓展了以下模型:如渐进覆盖模型和传统

覆盖模型。传统覆盖模型为:假设存在一个严格的覆盖半径 R,当需求点位于 R 内时被完全覆盖,R 外时完全不被覆盖,这种覆盖突然中断的模型并不符合实际情况。Drezner 提出渐进覆盖的概念,具体描述为:在 4 米以内需求被完全覆盖,$4 \sim 6$ 米需求为线性逐渐减少,超过 6 米需求完全不被覆盖(图5-4c)。

备用覆盖模型用于解决应急型公共服务设施选址问题;分层设施选址用于解决多类型面向不同顾客提供不同水平服务的设施选址;竞争选址是指在竞争环境下的选址,如在区域中已存在设施的情况下或者几个公司同时安装新设施的环境下考虑选址问题。

多目标选址是指在选址时考虑经济、社会、环境等多目标决策问题。公共设施的选址和布局是国家规划与管理、区域持续协调发展的一项重要工作,农村医疗废弃物选址在医疗废弃物回收系统中发挥着重要作用,是连接村卫生室与医疗废弃物处理中心的纽带。

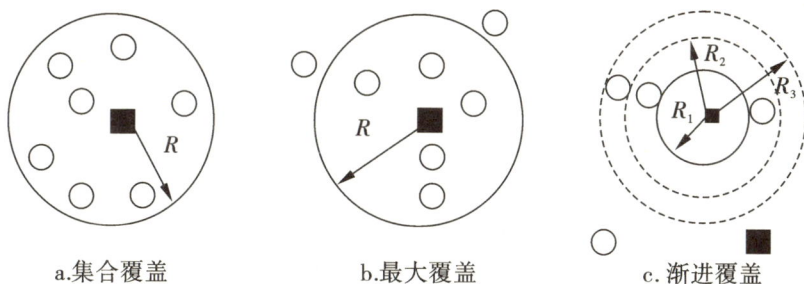

a.集合覆盖 b.最大覆盖 c.渐进覆盖

图5-4 3 种覆盖模型

○需求点 ■设施点

5.2.2 基于渐进覆盖的多目标模型

5.2.2.1 模型选择

石丽红在城市医疗废弃物回收网络选址时,用集合覆盖模型对医疗废弃物暂存处进行选址。贾传兴等在城市垃圾中转站选址时,首先采用集合覆盖模型确定了中转站的位置,作为备选点,然后在考虑从收集点到中转站运输费用、中转站的固定费用投资、中转站的运输费用等的基础上,建立垃圾收运系统费用现值最小的整数规划模型,对中转站进行二次优化。肖俊华在考虑设施公平性、效率及成本的基础上,构建了应急设施的双目标多级覆盖衰减模型。从以上文献分析,集合覆盖在一定程度上解决了选址问题但存在一定的弊端,属于单目标规划,没有充分考虑设施的公平性、效率等

问题。同时集合覆盖模型有个基本假设,即假设需求点与设施点距离小于某一距离被完全覆盖,超过此距离则认为不被覆盖,学者们认为这种假设是不合理的。应充分考虑设施选址的各个目标,建立多目标渐进覆盖模型是合理的、有科学依据的。

5.2.2.2 渐进覆盖模型

传统的覆盖模型设施点和需求点间的距离 R 有严格的规定,这样的模型不符合实际需要,如半径为 50 米,则 51 米的需求点就不会被覆盖。而渐进覆盖模型把覆盖水平设置为距离的函数,随着需求点距离设施点的距离变长,覆盖水平逐渐下降,与实践情况吻合。具体的覆盖水平与覆盖半径的关系有不同的函数,较为典型的是如表 5-3 所示的几种,非线性的覆盖水平函数更能描述覆盖水平与半径的关系,是渐进减少的过程。

表 5-3 各种覆盖模型比较

模型类型	提出	覆盖函数类型	覆盖水平与半径关系	模型目标
传统覆盖		覆盖半径为 R	当需求点在 R 内完全被覆盖,位于 R 外则不被覆盖	以最小设施点覆盖所有需求点的单目标模型
渐进覆盖	1983 年 Church 和 Roberts 提出	离散型分段函数	当需求点在 R 内被完全被覆盖,超过 R 时覆盖水平呈阶梯形递减	多目标
渐进覆盖	2002 年 Berman 等提出	线性函数	当需求点在 R 内被完全被覆盖,超过 R 时覆盖水平为单调递减函数	多目标
渐进覆盖	2002 年 Berman 等提出	非凸非凹的非线性函数	当需求点在 R 内被完全被覆盖,超过 R 时覆盖水平为非线性函数	多目标

以上 4 个模型中,覆盖水平与覆盖半径的函数关系可以用如下 4 个图(图 5-5)表示。

5.2.2.3 基于 Pareto 多目标最优解

1)Pareto 最优解

渐进覆盖模型的目标为多目标,多目标优化中,如果使其中一个子目标最优,由于各子目标互相冲突、互相影响,因而其他的子目标就不能达到最优。因此多目标问题优化,没有绝对的或者说唯一的最优解。多目标问题的一般描述为:

假设有 r 个优化目标,且它们是互相冲突的,目标函数可表示为:

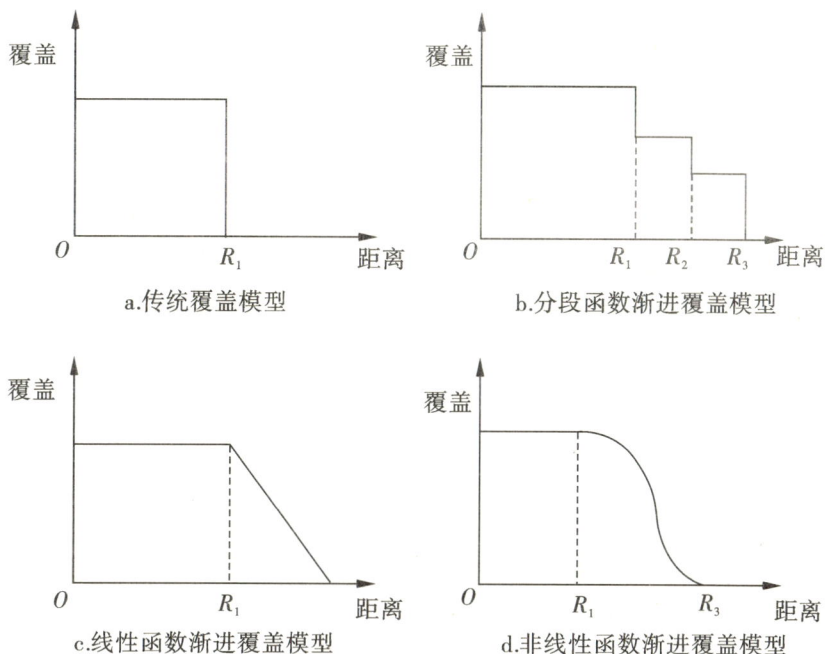

a.传统覆盖模型　　　　　　　b.分段函数渐进覆盖模型

c.线性函数渐进覆盖模型　　　d.非线性函数渐进覆盖模型

图 5-5　覆盖衰减函数

$$f(X) = f_1(X), f_2(X), \cdots, f_r(X) \qquad (公式 5-1)$$

决策变量为：$X = (x_1, x_2, \cdots, x_n)$，约束条件为：$h_i(X) \geq 0 (i = 1, 2, \cdots, k)$，$g_j = 0 (j = 1, 2, \cdots, l)$。

最优解为 $X^* = (x_1^*, x_2^*, \cdots, x_n^*)$，使 $f(X^*)$ 在满足约束条件的同时达到最优。

1986 年 Vilfredo Pareto 提出了多目标问题的求解方法，因此多目标最优解又称为 Pareto 最优解（Pareto optional solution）。定义为：

对于多目标优化问题 $f(X)$，最优解 X^* 为

$$f(X^*) = \underset{X \in \Omega}{opt} f(X) \qquad (公式 5-2)$$

其中 $f: \Omega$ 为满足约束条件的可行解，即 $\Omega = \{ X \in R^n \mid h_i(X) \geq 0, g_j(X) = 0; (i = 1, 2, \cdots, k; j = 1, 2, \cdots, l) \}$，$\Omega$ 为决策变量空间，向量函数 $f(X)$ 将 $\Omega \subseteq R^n$ 映射到集合 $\Pi \subseteq R^r$，Π 是目标函数空间。该定义从理论上对最优解进行了描述，在多目标算法中还有多种更具体的定义，不一一列出。下面从目标函数空间更具体的描述 Pareto 解。

2）Pareto 解的最优边界

给出 Pareto 解最优边界 PF^* 的定义：

给出一个多目标问题 $\min f(X)$ 和最优解集 $\{X^*\}$，则：

$$PF^* = \{f(X) = (f_1(X), f_2(X), \cdots, f_r(X)) \mid X \in \{X^*\}\}$$

$$\text{(公式 5-3)}$$

如图 5-6 为两个目标的最优解边界：

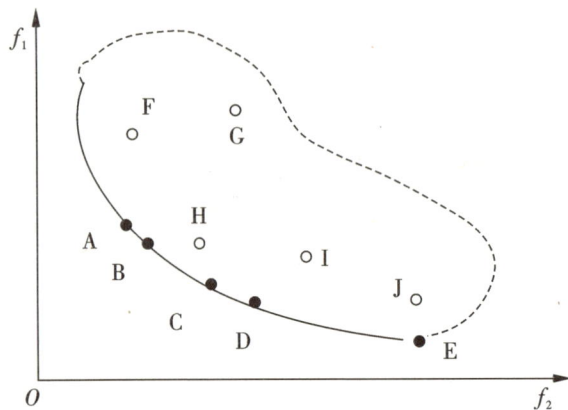

图 5-6　带有两个目标函数的最优解边界

如图，用粗线条表示 f_1 和 f_2 两个目标函数的最优边界，粗线上的实心点 A、B、C、D、E 是 Pareto 的最优解，为目标函数的切点，落在搜索区域的边界上；空心点 H、I、J、F、G 落在搜索区域内，因此不是最优解。如果多目标问题有 3 个目标或 3 个以上目标，则最优边界分别为曲面或超曲面。

Pareto 最优解集和最优边界不同，它们分别为决策向量空间的子集和目标函数空间的子集。多目标优化是从决策空间到目标空间的映射。

3）求解多目标决策的方法

对于多目标问题的求解，化多为少的方法主要有目标法、线性加权和法、平方和加权法、理想点法、乘数法及功效系数法等，除此之外还有分层序列法，根据各种方法适用的条件及计算过程的简易程度，本书重点介绍化多为少的乘数法和分层序列法，这两种方法均适合选址模型的计算。

乘除法，当有 m 个目标 $f_1(x), \cdots, f_m(x)$ 中，若其中 k 个 $f_1(x), \cdots, f_k(x)$ 要求最小值，其余 $f_{k+1}(x), \cdots, f_m(x)$ 要求最大值，且 $f_{k+1}(x), \cdots, f_m(x) > 0$，这时可用评价函数：

$$U(x) = \frac{f_1(x) + f_2(x) + \cdots + f_k(x)}{f_{k+1}(x) \cdots f_m(x)} \qquad \text{(公式 5-4)}$$

分层序列法思想是把所要求解的目标按照重要程度排出一个序列，分为最重要目标、次重要目标等，如 $f_1(x), f(x)_2, \cdots, f_m(x)$，首先对最重要的目标求最优解，找出最优解的集合 R_1，然后在 R_1 内求次重要目标的最优解 R_2，如此直到求出第 m 个目标的最优解 R_m，即为整个问题的最优解。条件

限制, $R_1, R_2, \cdots, R_{m-1}$ 不能只有一个元素, 且 $R_1, R_2, \cdots, R_m$ 非空时, 才能不断地找出最优解。

5.2.2.4 回收处置网络构建依据

《国家新型城镇化规划(2014—2020 年)》提出我国城镇化目标为城镇化水平和质量稳步提高, 到 2020 年要达到 60% 的常住人口城镇化率, 45% 的户籍人口城镇化率; 同时要增加中小城市数量, 更加优化城镇化格局, 增强小城镇服务功能, 重点发展小城镇, 完善基础设施; 其中对垃圾处理的要求为: 实现县城具有垃圾无害化处理的能力, 按照以城市带乡镇的做法, 推进重点镇垃圾无害化处理, 实现垃圾收集、转运全覆盖。在我国城镇化的大背景下, 农村人口逐渐向城市转移, 因此以靠近城市的县级市及其所辖乡镇为研究对象更具有普遍性, 更符合我国城镇化发展的大趋势。

5.3 多目标渐进覆盖模型的构建

我国农村与城市相比, 行政村距离较远, 村卫生室产生的医疗废弃物量相对较少, 如果运输车辆到每个村去收集, 车辆装载废弃物量较少, 造成浪费, 且运输距离较远, 产生极大的运输成本, 因此必须建立医疗废弃物暂存处。从地图上可以看出我国县级乡镇的分布特点, 考虑到邻避效应, 在建立医疗废弃物临时存储点时尽量选择已有暂存处, 县一级医疗机构废弃物产生量较大, 独立设置医疗废弃物存储点。

村卫生室的医疗废弃物原则上应该送到乡镇卫生所, 但我国村庄较为分散, 从地图可以看出有些村庄距离镇卫生所较远, 因此, 在网络设置时, 不能仅仅把镇卫生院设为暂存处。考虑到新设暂存处的构建成本, 在模型构建时, 充分考虑了村镇的地理分布特点, 兼顾运输距离和运输成本两个方面, 确保如果村卫生室和乡镇卫生院在同等条件下, 则由于乡镇卫生院医疗废弃物较多, 运输成本较大, 因此乡镇卫生院会被选为暂存处。

5.3.1 基本假设符号含义模型构建

5.3.1.1 基本假设

乡镇卫生院和村卫生室的位置已知, 它们作为同一级别的选址需求点; 村卫生室和乡镇卫生院产生的医疗废弃物量已知。

5.3.1.2 符号含义

1) 决策变量

$$x_j = \begin{cases} 1 & j \text{ 作为暂存处时} \\ 0 & j \text{ 不作为暂存处时} \end{cases}$$

$$y_{ij} = \begin{cases} 1 & i \text{ 被分配给 } j \text{ 时} \\ 0 & i \text{ 不被分配给 } j \text{ 时} \end{cases}$$

2）非决策变量和参数

Q：为暂存处容量限制；

q_i：为各医疗机构每天产生的医疗废弃物数量；

I：为需求点的集合，$I = \{i \mid 1, \cdots, m\}$；

J：为设施点的集合，即暂存处的集合，$J = \{j \mid 1, \cdots, m\}$；

d_{ij}：为需求点 i 到设施点 j 的距离；

c：为单位医疗废弃物单位距离的运输成本；

F_i：为设施运营成本函数，包括固定成本和变动成本，与暂存处构建的固定成本 a 和暂存处医疗废弃物的数量相关，医疗废弃物的数量越多，相应的人员工资等都会提高，因此设运营成本的函数为 $F_i = a + bq_i$。

5.3.1.3 两点间距离的设置方法

1）平面上两点间距离

两点间距离分为直线距离和折线距离，当选址的区域较小，范围比较规则时，选择折线距离；当选址的区域较大时，选择直线距离，为了表示更接近实际距离，通常在距离前面加上适当的系数 w_{ij}，称为迂回系数，用来表示交通状况，当交通状况较好时，w_{ij} 取值较小，反之取值较大。两点间距离为下面公式：

$$d_{ij} = w_{ij}\sqrt{(x_i - x_j)^2 + (y_i - y_j)^2} \qquad (\text{公式 } 5\text{-}5)$$

本书为农村地区选址 w_{ij} 取值为 1.5。

2）地球上任意两点间距离

地球上任意两点的距离的公式，用经纬度表示方法为：首先假设地球是一个标准的球体，其半径是 R，忽略地形对距离的影响，假设东经为正，西经为负，南纬为 90° 加地理纬度值，北纬为 90° 减去地理纬度值，若 A、B 两点的经纬度坐标分别为 (x_1, y_1)，(x_2, y_2)，则两点间距离公式为：

$$D = R \times \arccos[\sin(y_1)\sin(y_2)\cos(x_1 - x_2) + \cos(y_1)\cos(y_2)]$$

$$(\text{公式 } 5\text{-}6)$$

其中，arccos 的单位是弧度，R 为 6 378.137 千米。

本文医疗机构的位置为经纬度坐标，因此两点间距离采用该算法。

5.3.1.4 覆盖函数的设置

$f(d_{ij})$ 为与距离相关的分段覆盖函数，选择非凸非凹的岭形函数定义了距离覆盖函数，覆盖概率为：

$$f(d_{ij}) = \begin{cases} 1 & d_{ij} \leq D_1 \\ \dfrac{1}{2} + \dfrac{1}{2}\cos\left[\dfrac{\pi}{D_2 - D_1}\left[d_{ij} - \dfrac{D_2 + D_1}{2}\right] + \dfrac{\pi}{2}\right], & d_{ij} \in [D_1, D_2] \\ 0 & d_{ij} \geq D_2 \end{cases}$$

（公式 5-7）

渐进覆盖函数图像如图 5-7 所示，其中 D_1、D_2 为确定参数，此处取 3 千米和 5 千米。

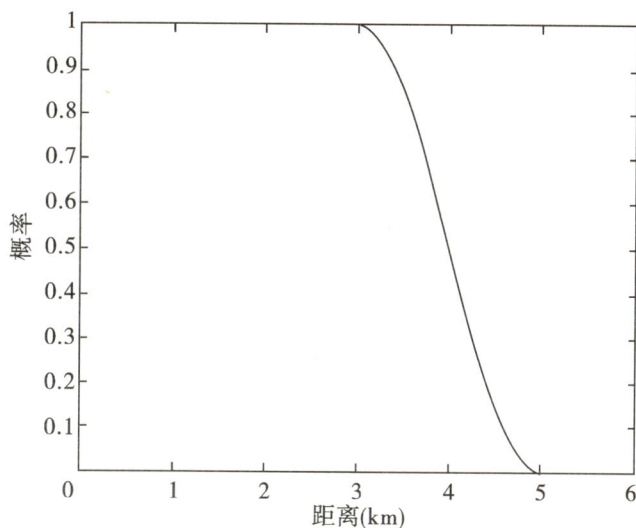

图 5-7　渐进覆盖函数图像

5.3.1.5　模型建立

如图 5-8 所示，从村级和乡镇级卫生机构中按照一定的约束条件，选择合适的暂存处。

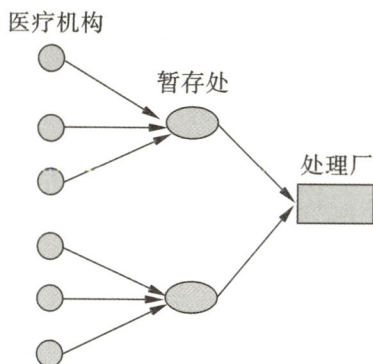

图 5-8　医疗废弃物回收处理系统网络

暂存处的选择是一项系统工程,需要考虑多种因素,由于受农村经济发展水平约束,要考虑成本最小化;同时要兼顾公共设施的性质,考虑社会效益、服务效用最大化等;各目标往往互相影响,互相冲突,其中一个最优会对其他造成负面影响;因此要权衡各目标之间的关系,获得满意解,就是 Pareto 最优解。

目标函数为:

$$\max \sum_{j=1}^{n} \sum_{i=1}^{m} q_i y_{ij} f(d_{ij}) \qquad \text{(公式 5-8)}$$

$$\min \sum_{j=1}^{n} \sum_{i=1}^{m} c q_i d_{ij} y_{ij} \qquad \text{(公式 5-9)}$$

约束条件为:

$$\sum_{j=1}^{n} y_{ij} = 1 \qquad \text{(公式 5-10)}$$

$$\sum_{i=1}^{n} q_i y_{ij} + q_j \leqslant Q x_j \qquad \text{(公式 5-11)}$$

其中公式 5-8 表示各收集点在暂存处覆盖水平下的总废弃物收集量最多;公式 5-9 为总成本最小化,由两部分构成,第一部分为废弃物从需求点到设施点的运输时产生的运输费用;公式 5-10 表示收集点的医疗废弃物只能由一个暂存处回收;公式 5-11 表示设施覆盖范围内所有需求点和自身产生的医疗废弃物总和不超过设施容量限制。农村交通状况比城市差,回收系数 w_{ij} 取为 1.5;D_1、D_2 表示设施点的覆盖范围,一般市中心区定位 500 米,市郊区诊所定位 2 千米,市郊区社区门诊定位 1 千米。

5.3.2 求解算法介绍

目前求解组合优化问题的方法主要有精确算法和启发式算法,对于问题规模较小时,数据准确性要求较高的问题,一般采用精确算法;然而实际生活中的问题往往较为复杂,带有随机性和不确定性,需要建立规模较大的模型,这种问题一般采用启发式算法。精确算法和启发式算法主要有以下几种方法,如表 5-4 所示。

表 5-4 求解方法比较

整数规划问题求解	适用范围	算法优略
分支定界法	20 世纪 60 年代由 Land、Diog 和 Dakin 提出,解决纯整数规划或混合整数规划问题,在分支定界的基础上,反复应用单纯型法,直到得出最优解	精确算法

续表 5-4

整数规划问题求解	适用范围	算法优略
割平面法	1958 年 R. E. Gomory 提出,用线性规划的思想解整数规划,该方法首先不考虑变量是为整数的条件,通过增加线性约束条件,切割掉原可行解中的非整数解,最终得到整数问题的可行解	精确算法
遗传算法	1975 年 J. H. Holland 教授及其学生、同事提出,从初始种群开始,通过模拟生物物种的自然选择和优胜劣汰的遗传现象,使群体进化到搜索空间更好的区域,实现优化功能	启发式算法
禁忌搜索算法	1977 年 Glover 提出,模拟人类智力的过程,在搜索过程中引入记忆功能,通过设置存储区域和禁忌准则避免迁回搜索,提高了搜索过程的寻优效率	智能启发式优化算法
模拟退火算法	1983 年 KrkPatriek 提出,模拟热力学中退火过程,通过计算降温过程各状态间的状态转移概率,引导搜索	具有较好的全局搜索的效果
蚁群算法	20 世纪 90 年代初由意大利学者 Dorigo 等提出,适合复杂的和非线性问题,基于蚂蚁觅食过程的观察,模拟蚁群利用信息素来传递信息的现象,通过记忆信息素的变化,实现路径优化	启发式算法
粒子群算法	1995 年 Kennedy 和 Eberhart 提出,模拟鸟类和鱼类群体觅食迁徙中,个体与群体协调一致的现象,实现优化目的	启发式算法
捕食搜索算法	1999 年 Linhares 提出,借鉴猛兽捕食中大范围搜寻和局部蹲守现象,全局搜索和局部搜索间的变换主要通过设置阈值实现	全局搜索和局部搜索兼顾

5.3.3 遗传算法求解

单目标有容量约束的设施选址问题是 NP 困难问题,本研究建立的模型也是 NP 困难问题。在城市医疗废弃物回收处理模式及其网络研究中,构建了集合覆盖模型对城市医疗废弃物回收网络选址模型,用遗产算法进行求解,达到了良好的效果。在公共设施多目标渐进覆盖模型求解时采用了混合多目标进化算法,侯云先等在应急物流设施选址时,建立了覆盖衰减的多级覆盖模型,选用了启发式算法中的贪婪算法、上升算法和遗传算法进行求

解,比较不同算法的计算效果和计算效率。计算结果表明:从计算效果看,遗传算法最优,上升算法次之,贪婪算法最差;从计算时间上来看算法的效率发现,上升算法最优,遗传算法次之,贪婪算法最差。从计算效果和效率两个方面综合考虑,首先是计算效果,其次是效率,因此选择遗传算法进行模型求解。

5.3.3.1 遗传算法的基本原理

遗传算法(genetic algorithm,GA)是基于概率搜索的随机优化算法,它模拟自然选择和遗传机制,从任意初始种群出发,进行随机选择、交叉和变异操作产生新的种群,通过评价函数进行判断,逐渐产生更适应环境的个体,最后收敛到一群最优环境的个体的过程。它具有全局搜索、随机搜索、并行计算、可扩展型等特点。遗传算法与一般的精确算法本质区别在于它起始于可行解的一个种群,而传统算法起始于单个点。选择算子(selection operator)、交叉算子(crossover operator)和变异算子(mutation operator)是遗传算法的3个基本遗传算子。

如图5-9给出了遗传算法的流程,具体步骤如下:首先产生初始种群,它的产生是根据实际问题对染色体编码得到的;然后计算适应度函数,适应度函数是根据目标函数映射得到的,再产生新的种群产生解集,新种群是通过选择、交叉和变异算子产生的。此过程不断的循环,直到满足程序终止的条件,结束算法。

5.3.3.2 遗传算法改进的方法介绍

遗传算法存在以下不足,如早熟现象,很快收敛到局部最优解,达不到全局最优解;在接近最优解时收敛速度较慢;因此本研究从初始解的角度、适应度函数的角度和改变解的多样性角度等对遗传算法进行改进。

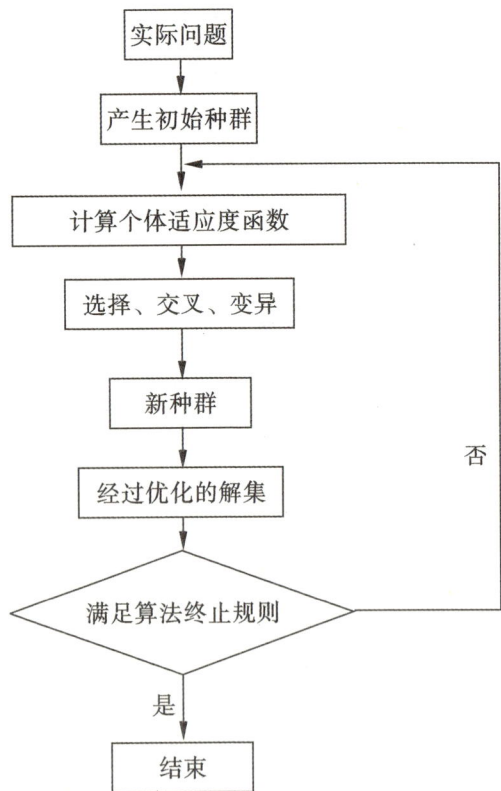

图5-9 遗传算法流程

1）初始解的产生

基本遗传算法初始解群体的产生方法为随机产生一组初始解，这样的初始解在整个解空间分布不均匀，初始解群体不够分散，不利于实现全局搜索，可采用如均匀设计或正交设计产生初始解，可以使初始解在解空间均匀分布，增加实现全局最优的可能性。

具体的算法为：把解空间分为 S 个子空间；量化每个子空间，并用均匀数或正交数组选择 M 个染色体；根据适应度函数从 $M \times S$ 个染色体中，选择 N 个作为初始解群体。

2）适应度值标定法

当初始群体中出现适应度值特别大的解时，为防止其误导整个群体的发展方向，陷入局部最优，需要限制其繁殖；同样在求解即将结束时，遗传算法逐渐收敛，个体适应度值较为接近，不易继续优化，在最优解附近摆动，此时应该适当增加个体适应度值，提高选择能力。因此选择下列公式标定适应度值。

$$f' = \frac{1}{f_{\max} + f_{\min} + \delta}(f + | f_{\min} |) \qquad (公式5-12)$$

其中 f' 为标定后的适应度值，f 为初始适应度值，$f_{\max}$ 和 $f_{\min}$ 分别为当前适应度值的上下界，它们可用当前带或目前为止种群中的最值替代；δ 为防止分母为0同时增加了算法的随机性，取值区间为 $(0,1)$；$| f_{\min} |$ 防止标定后的适应度值为负值。f' 和 f 的关系可以用图5-10表示。从图可以看出，$f_{\max}$ 和 $f_{\min}$ 的距离越远，说明差距越大，α 角度越小，f' 的变化也较小，防止超大值繁殖；同理，如果 $f_{\max}$ 和 $f_{\min}$ 的距离越近，差距越小，α 角度越大，f' 的变化越大；通过 f' 的标定，保证了超大值的泛滥，同时避免计算临近最优值时左右摇摆现象。

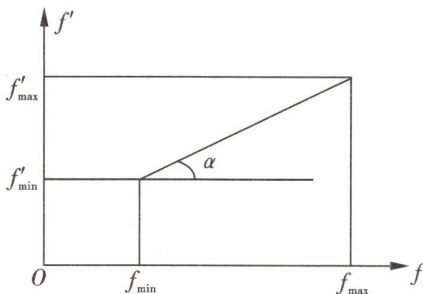

图5-10　适应度值标定

此外遗传算法改进还可以从遗传算子的设计、适应度函数的设计、小范

围竞争择优的交叉、变异操作和染色体长度、群体规模等参数的设置来改进遗传算法的解的质量和求解效率。

5.3.3.3 多目标遗传算法 Pareto 最优解

多目标遗传算法交叉、变异等操作和单目标遗传算法是相同的,主要在于如果求得 Pareto 最优解,采用的方法主要有:

1)小生境 Pareto 解遗传算法 NPGA

在多目标遗传算法中,Pareto 最优解集是寻找到一个满足总目标最优的解集,在选择参与下一代的优秀个体时,采用锦标赛选择机制,实现群体多样性、解集的多样性是通过降低对方的共享适应度来实现的,且能获得较好的 Pareto 最优边界。$fitness(i)/m_i$ 为共享适应度,其中 m_i 为个体 i 的小生计数,表示的是聚集度,m_i 的定义有多种,均为距离的函数,$d(i,j)$ 为两个个体间的距离,$sh(d)$ 为共享函数,本书选择如下定义:

$$m_i = \sum_{j \leqslant n} sh[d(i,j)]$$

$$sh(d) = \begin{cases} 0 & d > \sigma_{share} \\ 1 - d/\sigma_{share} & d < \sigma_{share} \end{cases} \qquad 公式(5-13)$$

其中 σ_{share} 为小生境半径,可以根据最优解集中最小期望间距离来设定。如图 5-11 候选解为 A、B,其中 B 的密集度比 A 大,B 的共享适应度大于 A,因此选择 B 作为候选解,通过共享适应度的判断,把进化群体分散在更大的搜索空间。

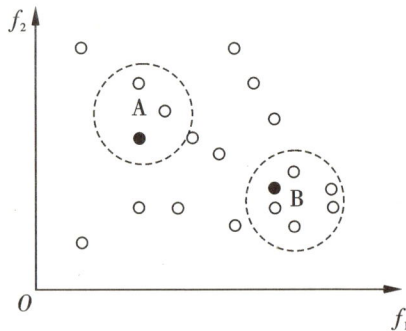

图 5-11 小生境共享

○进化群体中的解 ●候选解

2)多目标遗传算法 NSGA-Ⅱ

Deb 等 2002 年提出多目标遗传算法从非支配解的构造方法、保持解群体分布性和多样性的角度提出了改进。

非支配解的构造方法,主要是通过把群体按照某种策略划分为互不相

交的子群体,按照个体之间的支配关系进行排序;通过计算群体中个体的聚集距离,结合个体的层次,定义一个偏序集,产生新的群体时在这个偏序集中选择个体,这些个体为优秀的聚集密度比较小的个体,这样就增加了群体的分布性和多样性。

3)混合多目标遗传算法的步骤

第一步,染色体编码与变量初始化,初始种群 p_0 中的个体采用均匀设计产生,等位基因由二位值 $\{0,1\}$ 组成,0 表示在此位置设置暂存处,1 变化在此位置不设置暂存处,令 $t=1$,$p_t=p_0$。设置最大进化代数 Maxgen、种群规模 n、交叉概率 p_c、变异概率 p_m,种群规模 n 通常取 20 ~ 200,一般求解问题的非线性越大,n 取值就越大。

第二步:子种群的产生,从 p_t 中随机选择 2 个个体记作 p_1 和 p_2,计算适应度值并选择不受另一个支配的个体,重复 n 次,得到 n 个染色体,然后通过交叉、变异操作得到子种群 q_t。

第三步:合并 p_t 和 q_t 得到新的种群 r_t,计算其适应度值,并进行非劣排序,得到 Pareto 优化前沿 $\{f_1, f_2, \cdots\}$。

第四步:令 $i=1$,$p_t=\Phi$,$p_t=p_t \cup f_i$,令 $i=i+1$,直到 $|p_t|+|f_i|<n$。

第五步:利用小生境共享适应度函数对 f_i 进行排序,从 f_i 中寻找分布距离较大的解,共挑出 $n-|p_t|$ 个,加入到 p_t 中,判断是否满足结束条件,如果满足就结束,否则,令 $t=t+1$,转入第二步重新计算。

算法对暂存处的选址 x_{ij} 进行了 0、1 编码,对于变量 y_{ij} 没有编码,在第二步适应度计算时,对 y_{ij} 采用启发式设计下面算法:

步骤 1:把废弃物产生点分配给离它最近的暂存处。

步骤 2:计算每个暂存处收集的医疗废弃物数量,判断是否超过暂存处的最大容量,如果是,转到步骤 3 对废弃物产生点重新分配;如果否,根据收集的医疗废弃物数量确定更新的容量。

步骤 3:把分配给这个处理点的废弃物分配给其他暂存处,直到这个暂存处剩下的医疗废弃物产生点的废弃物总和不超过最大容量。分配给其他暂存处的原则为分配给离暂存处次近的且容量允许的暂存处,否则,分配给第三近的暂存处。

5.4 暂存处的构建及求解(以河南省新乡市新乡县为例)

5.4.1 问题描述(以河南省新乡市新乡县为例)

新乡县隶属新乡市,面积 375 平方千米,东面与延津交界,西面与获嘉县

交界,南面紧邻原阳县,北面和新乡市的东、南、西三面接临,如图5-12所示,包括6个镇和1个乡,分别为七里营镇、古固寨镇、朗公庙镇、大召营镇、翟坡镇、小冀镇和合河乡,县人民政府位于小冀镇,镇卫生院均位于镇中心,村卫生室位于村中,假设1个村有1个村卫生室,为便于收集数据,用镇和村的位置代替镇卫生院和村卫生室位置,通过百度搜取坐标系统得到各镇及各村的经纬度坐标。

图5-12　新乡市地图

　　选择备选点的原则,乡镇和村庄作为同一级别选择,按照一般规律,某个村庄产生的医疗废弃物应该送到自己所属的乡镇,暂存处应该选乡镇,但由于农村各村庄分布较为分散,有些村庄距离乡镇较远,可以在临近的村庄中选择暂存处,同时在建模时充分考虑了废弃物的运输成本,由于镇卫生院医疗废弃物产生量较大,保证了如果村卫生所和镇卫生院相近时,选暂存处的结果为镇卫生院。

5.4.2　结果分析(以七里营镇为例)

5.4.2.1　收集点信息

　　共选出153个乡镇和村庄作为暂存处的备选点,按照新乡县的6个镇1个乡,进行分别选址计算。这里以七里营镇为例,给出具体算法步骤,其他乡镇与此相同。根据调研结果七里营镇为28千克/天,其他村的5.5千克/天,为对调研数据求平均值所得。七里营镇共包括38个收集点样本,个别村庄较小在地图上不显示,这里不做统计,具体收集时归入较近的暂存处。医疗废弃物收集点数据如表5-5所示。

表5-5 医疗废弃物收集点

收集点序号	收集点名称	x坐标	y坐标	医疗废弃物产生量(千克/天)
1	毛滩村	113.855 9	35.134 1	5.5
2	曹庄村	113.822 2	35.117	5.5
3	东李寨村	113.857 2	35.113 6	5.5
4	西李寨村	113.850 6	35.116 4	5.5
5	北任庄村	113.879 8	35.128 5	5.5
6	曹杨庄村	113.837	35.108 9	5.5
7	老杨庄村	113.855 8	35.105 1	5.5
8	敦留店村	113.750 2	35.158 4	5.5
9	夏庄村	113.820 2	35.119	5.5
10	八柳树村	113.842 4	35.152	5.5
11	余庄村	113.782 8	35.157 1	5.5
12	东曹村	113.774 2	35.156 9	5.5
13	西曹村	113.765 1	35.154 4	5.5
14	杨堤村	113.760 5	35.144 7	5.5
15	罗滩村	113.765 4	35.140 1	5.5
16	春庄村	113.754 9	35.135	5.5
17	杨庄村	113.759 8	35.136 7	5.5
18	康庄村	113.776 2	35.124 9	5.5
19	刘八庄村	113.754 5	35.115 4	5.5
20	丁庄村	113.771 4	35.112 8	5.5
21	大赵庄村	113.790 7	35.111 8	5.5
22	马庄村	113.806 3	35.121 9	5.5
23	刘店村	113.808 4	35.131 1	5.5
24	南王庄村	113.800 7	35.131 9	5.5
25	刘庄	113.822 2	35.141 5	5.5
26	东王庄村	113.833	35.176 9	5.5
27	府庄村	113.803 9	35.112 2	5.5
28	大张庄村	113.811 5	35.108	5.5
29	陈庄村	113.826 9	35.138 6	5.5
30	小张庄村	113.835 7	35.127 8	5.5
31	东杨兴村	113.853 9	35.150 6	5.5
32	西杨兴村	113.848 5	35.15	5.5
33	沟王村	113.840 3	35.134 8	5.5
34	戚庄村	113.849 2	35.174 8	5.5
35	李台村	113.833 8	35.201 7	5.5
36	龙泉村	113.839 6	35.208 4	5.5
37	七里营第三村	113.800 2	35.165 4	5.5
38	七里营镇	113.807 6	35.168 2	28

5.4.2.2　算例描述

各参数取值如下：c 为单位运输成本，取 3 元/千米；D_1、D_2 表示设施点的覆盖范围，分别取 3 千米和 5 千米；Q 为容量限制，取 300 千克；w_{ij} 为 1.5，运营成本的函数为：$F_i = a + bq_i$，调研发现，暂存处构建的固定成本 a 为 5 万元/个，相对固定成本变动成本即每天的管理成本较少，此处 bq_i 忽略，因此 F_i 取 5 万元。

5.4.2.3　暂存处选址结果分析

1）七里营镇计算结果分析

迭代次数 1 000 次，如图 5-13 所示的迭代次数在 350 次后收敛，最优的暂存处个数为 6 个。

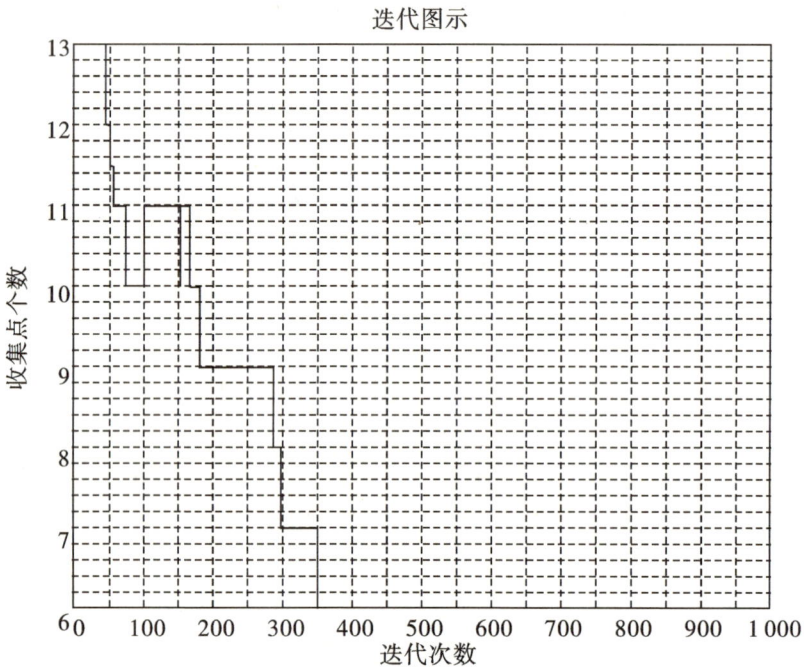

图 5-13　七里营镇暂存处选址迭代示意

如图 5-14 所示为 matlab 运行后，最后结果的选址覆盖矩阵，其中 7 包括：1、3、4、5、7 共 5 个收集点；10 包括：6、10、29、30、31、32、33、34 共 8 个收集点；15 包括：8、11、12、13、14、15、17、18、20 共 9 个收集点；19 包括：16、19 共 2 个收集点；26 包括 25、26、35、36 共 4 个收集点；27 包括 2、9、21、22、23、24、27、28、37、38 共 10 个收集点（表 5-6）。

collect_position=

7　10　15　19　26　27

Columns 1 through 23

```
 1   3   4   5   0   0   0   0   0 0 0 0 0 0 0 0 0 0 0 0 0 0 0
 6  29  30  31  32  33  34  20   0 0 0 0 0 0 0 0 0 0 0 0 0 0 0
 8  11  12  13  14  17  18  18   0 0 0 0 0 0 0 0 0 0 0 0 0 0 0
16   0   0   0   0   0   0   0   0 0 0 0 0 0 0 0 0 0 0 0 0 0 0
25  35  36   0   0   0   0   0   0 0 0 0 0 0 0 0 0 0 0 0 0 0 0
 2   9  21  22  23  24  39  37  38 0 0 0 0 0 0 0 0 0 0 0 0 0 0
```

图 5-14　暂存处选址覆盖矩阵

表 5-6　暂存处及收集点数据

暂存处	x 坐标	y 坐标	暂存处包含的收集点	医疗废弃物产生量（千克/天）
曹杨庄村	113.837	35.108 9	毛滩村、东李寨村、西李寨村、北任庄村、老杨庄村	27.5
八柳树村	113.842 4	35.152	老扬庄村、曹杨庄村、八柳树村、陈庄村、小张庄村、东杨兴村、西杨兴村、沟王村、戚庄村	44
罗滩村	113.765 4	35.140 1	敦留店村、余庄村、东曹村、西曹村、杨堤村、罗滩村、杨庄村、康庄村、丁庄村	49.5
刘八庄村	113.754 5	35.115 4	刘八庄村、春庄村	11
东王庄村	113.833	35.176 9	刘庄东、王庄村、李台村、龙泉村	22
七里营镇	113.807 6	35.168 2	府庄村、刘店村、南王庄村、大张庄村、马庄村、大赵庄村、夏庄村、七里营第三村、七里营镇	77.5

2）其他乡镇的选址结果

对选址结果分析发现,有些镇卫生院没有被选为暂存处,根据实际情况和医疗卫生机构的发展趋势,如果可以在村级和乡镇级医院中选择,暂存处设在乡镇级卫生院是比较合适的,且有些乡镇级卫生院已经存在暂存处,这样可以减少重新构建的费用,因此对选址结果,如果村级被选中为暂存处且

其包含乡镇卫生院,就选该乡镇卫生院为暂存处。经过计算,d_1 和 d_2 的取值基本为 3~5 千米,个别调整为 3~7 千米之间,最后选出的暂存处及产生医疗废弃物状况如表 5-7 所示。

综合来看,选址结果与实际预测结果保持一致,模型的效果较好。对于有 38 个收集点的乡镇,最后的选址结果为 6 个暂存处;对于有 20 个左右的乡镇选址结果为 3~4 个点,如小冀镇 21 个点选出 4 个暂存处、朗公庙镇 22 个点选出 3 个暂存处、翟坡镇 21 个选出 3 个暂存处、合河乡 20 个点选出 4 个暂存处。对于新乡县附近的 6 个村,不需要再用模型计算,直接设新乡县为暂存处,减少暂存处构建的成本。

从表 5-7 可以看出,而有些收集点包含的收集点相对较少如大召营镇只有 2 个收集点;有些暂存处包含的收集点较多,如古固寨镇包含 9 个收集点。这个结果和每个乡镇医疗机构的分布有关系,如果一个地区的医疗机构分布较为密集距离较近,选址的结果就会包含收集点较多,反之亦然。

表 5-7　新乡县乡镇暂存处选择数据

序号	暂存处	x 坐标	y 坐标	暂存处包含的收集点	医疗废弃物产生量(千克/天)
1	大召营镇	113.784 79	35.288 021	前高庄村、大召营镇	33.5
2	后高庄村	113.781 6	35.298 04	李大召村、刘大召村	16.5
3	店后营村	113.766 6	35.291 56	店后营村、文营村、南陈庄村、李唐马村、代店村、张唐马村	38.5
4	古固寨镇	114.006 7	35.251 13	于庄村、南张庄村、史屯村、古南街村、小屯村、三王庄、王连屯村、崔井村、后辛张村、前辛庄村、小古固寨村、冷庄村、南辛庄村、古固寨镇	102.5
5	朗公庙镇	113.919 9	35.207 61	永安村、朗公庙镇	36.5
6	张庄村	113.913	35.189 55	东荆楼村、原庄村、土门村、张庄村、小河村、赵堤村、杨街村、大泉村、崔庄村、毛庄村、小马头王村、东马头王村、后小庄村、前小庄村	77

续表 5-7

序号	暂存处	x 坐标	y 坐标	暂存处包含的收集点	医疗废弃物产生量(千克/天)
7	贺堤村	113.917 3	35.219 99	张湾村、朱堤村、北街村、曲水村、张湾村、贺堤村	33
8	翟坡镇	113.808 6	35.241 57	翟坡镇、东营村、西营村、周王庄村、大送佛村、小送佛村、寺王村、西大阳村、东大阳村、中大阳村、兴宁村	75.5
9	李任旺村	113.830 4	35.249 95	红林村、任小营村、牛任旺村、李任旺村、梁任旺村、长兴铺村、寺王村、焦庄田庄村	49.5
10	岗头村	113.786 7	35.259 5	岗头村、北翟坡村	11
11	合河乡	113.765 9	35.338 98	合河村、合河乡、西元封村、东元封村	41.5
12	前村	113.770 1	35.344 75	潘屯村、后村、前村	16.5
13	西北园	113.761 4	35.342 63	范岭村、西永康村、西北园、北陈庄村、西河村、石村、东北永康村、南永康村	44
14	郭小郭村	113.784 2	35.331 5	朱小郭村、贾桥村、崔小郭村、田小郭村、郭小郭村	27.5
15	小冀镇	113.778 84	35.183 186	西贾城村、小冀镇	35.5
16	中街村	113.777	35.188 91	中街村、西崔庄村、西寺村、郝村、冀庄村	27.5
17	东贾城村	113.788 8	35.183 54	东贾城村、聂庄村、李庄、王屯村、杨屯村、娄村、大兴村、许庄村	44
18	高村	113.774 4	35.178 58	东石碑村、梁庄村、侯庄村、高村、杏庄村、东石牌村	33
19	县医院	113.782 274	35.200 35	李庄、王屯村、杨屯村、娄村、大兴村、许庄村	96

5.4.2.4 灵敏度分析

1)覆盖半径变化对选址结果的影响

合河乡包括 20 个收集点的,当覆盖半径为 3~5 千米时,选出的暂存处为 10 个,分别为 2、4、5、8、9、10、13、14、18、20(图 5-15a);图 5-15b 当调整覆盖半径为 3~6 千米时,选出的暂存处为 4 个,分别为 2、8、9、16(图 5-15b);图 c 当覆盖半径为 3~7 千米时,选出的暂存处为 4 个,分别为 2、8、9、14(图 5-15c)。图 5-15b 和图 5-15c 覆盖点的选取变化不大,只是最后一个覆盖点不同,但它们的覆盖包含的收集点是相同的。以上分析说明,覆盖半径的变化对选址的结果会产生影响,在实际的选址过程中,可以根据地区的面积、区域的地形特点结合相关的专家评估等方法,得出科学的选址结果。

collect_position=

2 4 5 8 9 10 13 14 18 20

final_belong_matrix=

11	0	0	0	0	0	0	0	0	0	0	0	0	0	0	0	0	0	0	0	0	0
0	0	0	0	0	0	0	0	0	0	0	0	0	0	0	0	0	0	0	0	0	0
3	15	16	0	0	0	0	0	0	0	0	0	0	0	0	0	0	0	0	0	0	0
6	7	0	0	0	0	0	0	0	0	0	0	0	0	0	0	0	0	0	0	0	0
1	0	0	0	0	0	0	0	0	0	0	0	0	0	0	0	0	0	0	0	0	0
12	0	0	0	0	0	0	0	0	0	0	0	0	0	0	0	0	0	0	0	0	0
19	0	0	0	0	0	0	0	0	0	0	0	0	0	0	0	0	0	0	0	0	0
0	0	0	0	0	0	0	0	0	0	0	0	0	0	0	0	0	0	0	0	0	0
17	0	0	0	0	0	0	0	0	0	0	0	0	0	0	0	0	0	0	0	0	0
0	0	0	0	0	0	0	0	0	0	0	0	0	0	0	0	0	0	0	0	0	0

a. 覆盖半径为 3~5 千米时 matlab 运行结果

collect_position=

2 8 9 16

final_belong_matrix=

11	19	20	0	0	0	0	0	0	0	0	0	0	0	0	0	0	0	0	0	0	0	0
6	7	0	0	0	0	0	0	0	0	0	0	0	0	0	0	0	0	0	0	0	0	0
1	4	10	12	13	17	18	0	0	0	0	0	0	0	0	0	0	0	0	0	0	0	0
3	50	14	15	0	0	0	0	0	0	0	0	0	0	0	0	0	0	0	0	0	0	0

b. 覆盖半径为 3~6 千米时 matlab 运行结果

collect_position=

　2　8　9　14

final_belong_matrix=

11 19 20 0 0 0 0 0 0 0 0 0 0 0 0 0 0 0 0 0
6 7 0 0 0 0 0 0 0 0 0 0 0 0 0 0 0 0 0 0
1 4 10 12 13 17 18 0 0 0 0 0 0 0 0 0 0 0 0 0
3 50 14 15 0 0 0 0 0 0 0 0 0 0 0 0 0 0 0 0

c. 覆盖半径为 3 ~ 7 千米时 matlab 运行结果

图 5-15　不同覆盖半径对暂存处选址的影响

2）其他参数变化对选址结果的影响

在暂存处选址模型中，除了覆盖半径，覆盖函数的变化对选址结果也会产生影响。还有暂存处建设的固定费用、单位运输成本、迂回系数等参数的赋值变化都会对选址的结果产生影响。

5.5　本章小结

本章首先在对逆向物流网络分类的基础上，对农村医疗废弃物回收处理的网络进行分类，设计了 3 种回收网络：一般医疗废弃物的回收网络、可回收医疗废弃物的回收网络和感染性医疗废弃物的回收网络。

对于感染性医疗废弃物的回收网络，重点是暂存处的构建问题。在对我国农村医疗废弃物的分布特点、卫生机构的数量等特点加上各选址模型比较的基础上，总结我国农村医疗废弃物选址的原则为：充分考虑社会效率、科学性和超前性、邻避效应，建立暂存处选址模型，模型的目标为收集点在暂存处覆盖水平下的总废弃物收集量最多和总成本最小，选取新乡县医疗机构的实际坐标进行计算，该模型对实际问题的分析更具针对性。

在算法比较的基础上，用计算效果较好的遗传算法进行计算，并对模型的参数做了灵敏度分析，验证了模型的有效性，并给出了模型适用的条件。该模型的构建为地方政府构建农村医疗废弃物回收网络、暂存处的设置提供了综合决策方法。

第6章

农村医疗废弃物回收处理的车辆路径优化

6.1 医疗废弃物车辆路径优化的影响因素分析

6.1.1 逆向物流回收物品特征对车辆路径优化影响的分析

正向物流运输的产品为高价值产品,但逆向物流运输的产品种类较多,不同种类的物品对运输条件的要求不同。回收物品按照价值和随时间损耗都会影响运输方式的选择,回收物品随时间损耗,可分为经济损耗和物理损耗。经济损耗是指物品随着运输时间的增加经济价值逐渐减小;物理损耗是指物品随着运输时间的增加出现老化、减少或变质等引起的损耗。按照物品价值、时间损耗的不同,把物品分为四大类,如图6-1所示。

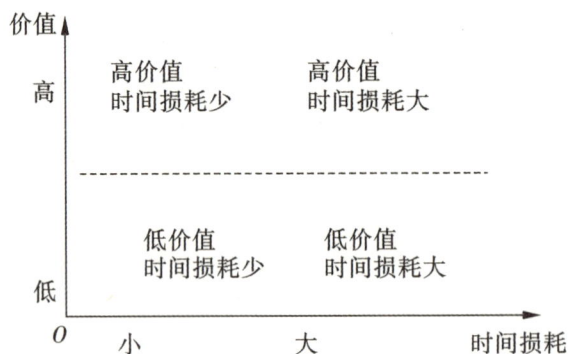

图6-1 物品按价值、时间损耗分类

高价值、时间损耗少的物品,如黄金、铅等贵金属,回收利用价值高,运

输过程中不会随时间变化损耗,运输主要考虑成本和库存问题,运输优化目标为成本最小。低价值、时间损耗少的产品,如纸张、塑料等,回收利用价值低,运输过程不会随时间损耗,在运输时主要采用大批量运输,减少运输成本,运输的优化目标为最小化运输成本。高价值、时间损耗大的物品,如血液、进口水果等,价值较高,运输过程受时间影响很大,需要考虑交通状况和需求点对物品的时间要求,运输的优化目标为加入时间约束的运输成本最小。

低价值、时间损耗大的物品一般丢弃,如生活垃圾和医疗废弃物等,其中大部分没有回收利用价值,但运输过程受时间影响较大,储存和运输时间较长就会变质,对环境造成很大危害,这类物品运输时对时间要求较高,回收产生的经济利益低,对于此类物品的运输需要政府参与管理和监督逆向物流网络,政府主要采用惩罚和补贴两种手段。此外物品的运输优化目标在政府监管下和高价值、时间损耗大的物品优化目标相同,也为加入时间约束的运输成本最小。

6.1.2 逆向物流回收网络特征对车辆路径优化的影响

逆向物流回收网络根据研究视角不用,可以分为不同的类型。

6.1.2.1 单级和多级逆向物流网络

根据逆向物流网络复杂程度可以分为:单级和多级逆向物流网络,单级逆向物流网络指只有一级逆向物流的结点,如回收中心直接面向客户回收物品,即只有客户一级结点。

多级逆向物流网络指有两级或两级以上的逆向物流结点,如回收中心、暂存处、客户等,由暂存处从客户处进行回收,然后再统一运送到回收中心。

6.1.2.2 自营逆向物流、行业逆向物流和第三方逆向物流

逆向物流按照运营主体的不同可以分为 3 类:自营逆向物流、行业逆向物流和第三方逆向物流。自营逆向物流由企业自己建立、独立运营的逆向物流回收网络,这种网络回收价值较高、回收专业性较强,实力较强的企业往往会采取这种自营模式。行业逆向物流,为了整合行业资源,降低单个企业投资风险及资金压力,同时实现规模经济,往往同行业的企业联合建立和经营逆向物流网络,为行业内部或行业外部企业提供逆向物流服务。第三方逆向物流,由专门的第三方企业建立和运营逆向物流网络,以契约形式提供逆向物流服务,这种网络更加专业化,提高了逆向物流的效率,同时使企业从物流中解脱出来,专门从事主营业务,是目前逆向物流发展的方向。

6.1.2.3 自愿和强制逆向物流网络

按照驱动力因素可以分为自愿和强制两种逆向物流网络,自愿逆向物

流网络指在经济利益或市场需求拉动等因素影响下,企业自愿结合形成的非强制性逆向物流网络,参与企业可获得经济利益,实现协同效应,减少成本。适用于对社会环境等不造成外部不利影响的废弃物的回收。

强制逆向物流网络,这种网络具有强制性,受到政府法律和规章制度的约束,社会效益为主要目标,适合对社会和自然缓慢造成危害的物品的回收。

6.2 车辆路径问题的分类

6.2.1 车辆路径问题的一般描述

6.2.1.1 单车路径优化问题

旅行商问题(travelling salesman problem,TSP)又称货郎问题,最早由 Dantzig 等人提出,是多局部最优的组合优化问题,该问题的描述为:单一旅行者由起点出发,通过给定的需求点之后,回到起点的最小路径成本。单车路径优化问题由旅行商问题衍化得到。

6.2.1.2 车辆路径问题

车辆路径问题(vehicle routing problem,VRP)最早由著名学者 Dantzig 和 Ramser 在研究车辆调度、运输问题时提出,后来在运筹学、计算机、物流和经济等领域都得到了广泛的应用,但该问题已被确定为组合优化领域的 NP 问题。

车辆路径问题的一般描述为:在客户点和配送中心已知的条件下,按照设置的目标,在满足约束条件的前提下,沿着一定的行驶路线将货物从配送中心送达各客户点的过程。设置的目标可以是:行车路线最短、车辆最少、时间最短、配送成本最低等;约束条件可以为:客户时间限制、车辆容量限制等。

车辆路径问题的基本要素:道路网、客户、车场、车辆、运作目标、约束条件等,每个要素都有自己的特点,对应不同的属性和要求,如表6-1所示。

表 6-1 车辆路径问题的核心要素

要素	特点	属性
道路网(road network)	常用图来表示客户点、车场或配送中心、路段之间的关系,节点为客户点或者道路交叉点,节点间的连线表示路段,方形为车场或者配送中心	有向图描述对称性车辆路径问题,无向图描述非对称性车辆路径问题
客户(customer)	VRP 的服务对象,对应道路网的一个节点,通常指经销商、零售商、货物配送中心等	包括客户服务时间、服务时间窗、顾客点间关系等
车场(depot)	车辆路径的起点或者终点,车辆从客户收集货物返回车场或从车场运输货物进行配送	包括车场个数、车场间关系
车辆(vehicle)	有一组车辆完成对客户的取货或送货服务	包括车辆车型、车辆成本、车辆容量、车辆持续工作时间等
运作目标(operational objective)	由单一目标或多目标及层次化优化目标组成	包括总费用最小、车辆数最少、总时间最短、总距离最小等
约束条件(constraints)	必须满足的客观条件	包括车辆容量约束、时间窗约束、车场时间约束、车场服务时间等

如图 6-2 所示为车辆路径示意图,如果用 c_{ij} 表示 i 、j 两个客户间的配送成本,则对于有向图有 $c_{ij} \neq c_{ji}$,用于描述非对称性问题;对于无向图满足 $c_{ij} = c_{ji}$,用于描述对称性问题。

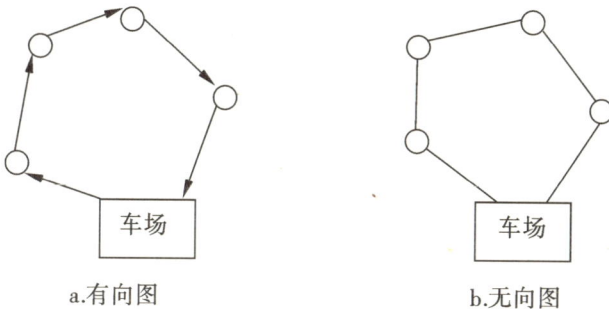

a.有向图   b.无向图

图 6-2 车辆路径示意

○为客户点

6.2.2 车辆路径问题的分类

按照车辆路径的要素特点不同,可以分为不同的类型。

6.2.2.1 开放式路径问题和闭合式路径问题

按照车辆服务完成后是否返回原来的配送中心来分:如果返回配送中心,车辆的行走路线就构成了闭合的回路,叫闭合式路径问题;如果车辆服务完成后不返回原来的配送中心,或者按原来的路径返回,这类问题叫开放式路径问题。

6.2.2.2 无时间窗问题和带时间窗问题

按照客户对货物的取送是否有时间要求来分:如果客户对货物的取送没有要求,则为无时间窗问题;如果客户要求在规定的时间内取送则为带时间窗问题。带时间窗的问题又可以按照客户对时间的要求严格程度分为硬时间窗问题和软时间窗问题。

6.2.2.3 单目标问题和多目标问题

按照优化目标的数量多少可以分为单目标问题和多目标问题。

6.2.2.4 单车型问题和多车型问题

按照配送车辆的载重量是否相同来分:如果只有一种载重量的车型为单车型;如果载重量大小不同的车辆运输,成为多车型问题,如大、中、小卡车运输。

6.2.2.5 确定性车辆路径问题和不确定性车辆路径问题

如果出发前某些信息不确定称为不确定性车辆路径问题,反之为确定性车辆路径问题。

6.2.2.6 周期性路径问题和非周期性路径问题

按照路径问题的变化是否成一定的周期性,非周期性路径问题解决一段时间的路径问题,通常为 1 天;周期性路径问题把时间扩展为一个区间,如半个月、6 天等,在这段时间内按照客户要求的服务次数完成服务,优化的目标位周期内成本最小。

6.2.2.7 多车场问题和单车厂问题

按照车辆是否属于同一个车场划分,如果有不同的车场则属于多车场问题。

6.2.2.8 时变和非时变问题

时变问题最早由 Malandraki 等在 1992 年用数学公式表示此问题,并根据旅游时间建立了分布函数;在一般的车辆路径问题的基础上考虑运行过

程的时间依赖性、车辆在运输过程中速度的变化,速度的变化会引起能耗、成本等的变化。按照时间是否有约束可分为带时间窗问题和无时间窗问题,按照出行时间是否固定分为时间固定和时间不固定依赖性问题。

6.2.3　带时间窗问题

6.2.3.1　带时间窗问题描述

带时间窗问题,是在无时间窗问题的基础上加上时间限制,可描述为:在规定的时间内,车辆从配送中心出发,满足各客户的服务,返回配送中心,整个过程如何选择路径使得总费用最小或者总利润最大。每个客户仅服务一次,对客户的服务必须在指定的时间完成。如校车问题、银行运钞车调度问题等都属于此类问题。

6.2.3.2　带时间窗问题分类

带时间窗问题根据客户对时间的要求是否严格,划分为硬时间窗问题和软时间窗问题。如果客户的服务必须在规定的时间完成,如果延迟就拒绝服务,这样对时间要求严格的时间窗问题为硬时间窗问题;如果客户的服务可以适当提前或者推后,为此配送中心要承担一定的罚金,这种对时间变量要求松弛的时间窗问题称为软时间窗问题,该问题通过引入惩罚函数来解决提前或延迟产生的额外成本。

如图 6-3 所示,给出了单车辆路径问题、一般车辆路径问题、多车辆路径问题、开放式路径问题和带时间窗路径问题的路线。

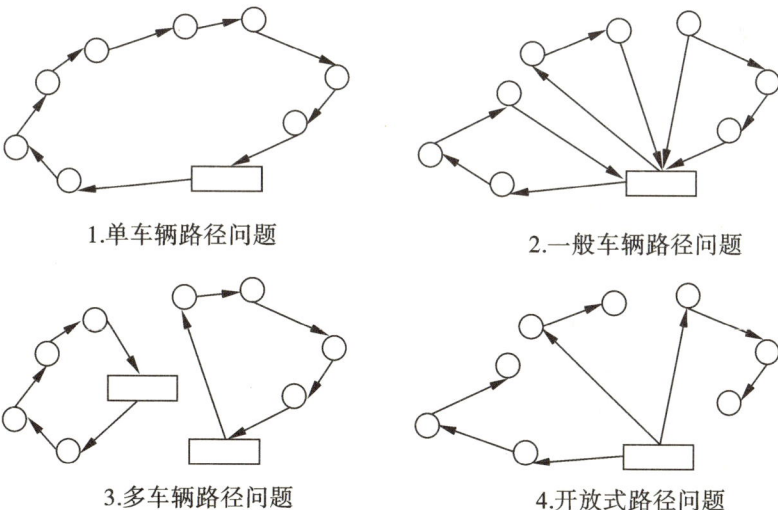

1.单车辆路径问题

2.一般车辆路径问题

3.多车辆路径问题

4.开放式路径问题

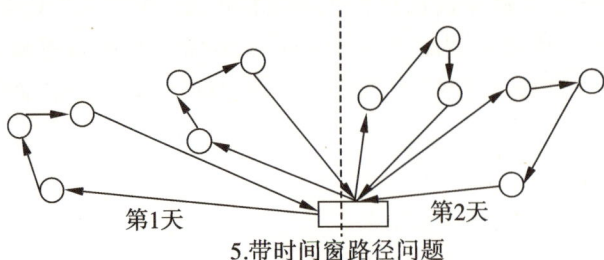

5.带时间窗路径问题

图 6-3 车辆路径优化模型

○客户 ▭配送中心 ──▶线路

6.3 车辆路径优化模型的构建

6.3.1 车辆路径优化模型的构建依据

6.3.1.1 医疗废弃物对运输条件的特殊要求

医疗废弃物作为特殊的废弃物,由于其危害性、传染性及毒性等特点,对运输过程也有特殊的要求,我国《医疗废物管理条例》和《道路危险货物运输管理规定》对医疗废弃物的运输做了专门的规定。如对运输方式的要求:禁止通过铁路、航空运输医疗废弃物,有陆地交通工具的禁止水上运输,禁止邮寄医疗废弃物。对运输时间的要求:要求医疗废弃物处置单位应至少2天到医疗废弃物收一次医疗废弃物,医疗废弃物必须早上10点以前完成回收。对运输工具的要求:车辆要具有行驶记录功能的卫星定位装置的配备,要使用有明显医疗废弃物标示的专用车辆,要达到防渗漏和防遗撒等环境和卫生要求,车辆使用完毕后要及时进行消毒和清洁。对运输过程的要求:确保安全,防治遗撒废弃物,禁止丢弃废弃物。

6.3.1.2 医疗废弃物车辆路径优化理论模型

在医疗废弃物车辆路径优化模型构建研究方面,阎辛酉在瀚洋公司医疗废弃物回收处理逆向物流系统优化研究中,建立了运输成本最小,在假设运输各路段成本相同情况下,转化为路径最短的目标函数,模型如公式6-1所示,约束条件为每个车辆进入收集点一次、每个车辆从收集点出来一次、车辆收集量小于车辆的容量。石丽红在城市医疗废弃物回收网络车辆优化中,充分考虑了废弃物收运工作要在10点前完成的时间因素,建立了带时间窗有容量约束的大连市医疗废弃物车辆路径优化模型。此外杨信丰等研究了城市危险品的运输路径优化问题,分析路段具有行驶时间、交通损失、暴

露人数等属性,考虑路段属性具有时间依赖性,建立了多属性条件下,时间依赖车辆路径优化模型,得出时段不同,最优路径不同的结论。

目标函数:

$$\min d_{ij} \times x_{ij} \qquad (公式 6-1)$$

约束条件:

$$\sum_{j=1}^{n} x_{ij} = 1 \quad (i = 1, 2, \cdots, n) \qquad (公式 6-2)$$

$$\sum_{i=1}^{n} x_{ij} = 1 \quad (j = 1, 2, \cdots, n) \qquad (公式 6-3)$$

$$\sum_{i=1}^{n} q_i \leqslant Q \qquad (公式 6-4)$$

6.3.1.3　硬时间窗的农村医疗废弃物车辆路径优化模型构建

由于医疗废弃物必须在早晨 10 点前运输完毕,且农村路段受交通、人数密集度的影响较少,因此在建模时不考虑时间依赖对车辆路径优化的影响,同时已有文献建立的医疗废弃物车辆路径优化模型优化目标为总运输距离最短。该研究在此基础上充分考虑车辆的固定成本和运输成本,优化目标为车辆的总成本最小,建立硬时间窗的车辆路径优化模型。

6.3.2　车辆路径优化模型

6.3.2.1　车辆路径优化问题的构建思路

医疗废弃物的存放时间为不超过 24 小时,为了节省成本,可以把各暂存处分为 2 大类,分 2 天来运输。如图 6-4 所示,把收集点分为 M、N 两个集合,初步分配车辆的台数,如果车辆 $m=n$,或 m、n 相差为 1,说明车辆分配合理,即在以下计算中得出所有收集点需要的车辆总数及路线后,把总的收集点分为 2 大类,用一半的车辆分 2 天完成医疗废弃物的运输。

6.3.2.2　问题的描述与基本假设

本研究假设只有 1 个配送中心即医疗废弃物处理厂,所以医疗机构的废弃物都运到处理厂,运输工具为统一的医疗废弃物专用车,每辆车型号相同,容量相同。每个医疗废弃物收集点的位置和废弃物产生量均已知,垃圾运输车辆有时间约束,一般要在上午 10 点之前运送完废弃物。模型的目标为在满足规定时间运输完各医疗机构产生废弃物的前提下,成本最小。建模假设:①医疗废弃物处理厂有足够医疗废弃物专用车,车辆的固定费用、耗油量、速度都相同;②医疗机构的废弃物的位置和医疗废弃物产生量已知;③医疗废弃物从处理厂出发完成废弃物收集任务后返回处理厂;④医疗废弃物应该在规定的时间段运输完成。

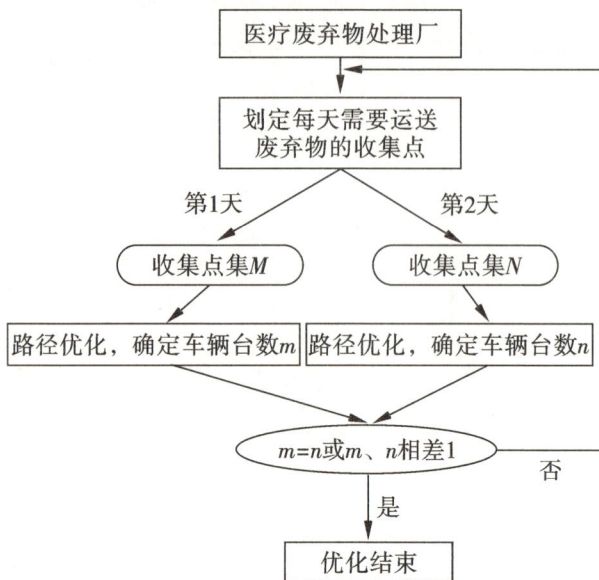

图6-4　医疗废弃物车辆路径优化流程

6.3.2.3　参数描述

1）决策变量

$$x_{ijk}=\begin{cases}1 & \text{车辆 } k \text{ 从 } i \text{ 点到 } j \text{ 点}\\0 & \text{车辆 } k \text{ 不从 } i \text{ 点到 } j \text{ 点}\end{cases}$$

$$y_{ik}=\begin{cases}1 & i \text{ 点由 } k \text{ 车收集}\\0 & i \text{ 点不由 } k \text{ 车收集}\end{cases}$$

2）相关参数

q_i：暂存处的医疗废弃物数量；Q_k：车辆 k 的载重量；t_{ik}：车辆在各收集点所用时间，每个收集点的医疗废弃物越多，所用时间越长，因此有 $t_{ik}=a+b\times q_i$。

3）车辆运送成本

车辆运送成本由固定成本和运输成本两部分构成，固定成本为车辆购置费、车辆折旧费、工人工资等，假设每辆车的费用是相同的，处理厂需要 m 辆车运输医疗废弃物，则固定费用为 $\sum_{k=1}^{m}f_k$，车辆的运输成本在车辆的总成本中占比例较大，主要包括车辆的燃油费及保养维修费等，这些与车辆的行驶路程相关，路程越远，运输成本越高，因此可以表示为运输距离的正比例函数，假设单位距离的单位运输成本为 c，2 个收集点间的距离为 d_{ij}，则

有 $c \times d_{ij}$。

6.3.2.4　模型构建

目标函数:

$$\min \sum_{k=1}^{m} f_k + c \sum_{k=1}^{m} \sum_{i=1}^{n} \sum_{j=1}^{n} x_{ijk} d_{ij} \qquad (公式6\text{-}5)$$

约束条件为:

$$\sum_{i=0}^{n} x_{ijk} = y_{ik} \leqslant 1 \qquad (公式6\text{-}6)$$

$$\sum_{j=0}^{n} x_{ijk} = y_{ik} \leqslant 1 \qquad (公式6\text{-}7)$$

$$\sum_{k=1}^{m} y_{ik} = \begin{cases} 0 & i\ 为\ 1,\cdots,n \\ m & i\ 为\ 0 \end{cases} \qquad (公式6\text{-}8)$$

$$\sum_{i=1}^{n} \left(q_i \sum_{j=1}^{n} x_{ijk} \right) \leqslant Q_k \qquad (公式6\text{-}9)$$

$$\sum_{i=1}^{n} t_{ik} y_{ik} + \sum_{i=1}^{n} \sum_{j=1}^{n} (d_{ij} x_{ijk}/v) \leqslant t_e - t_l \qquad (公式6\text{-}10)$$

公式 6-5 为车辆的固定成本和运输成本两个和最小;公式 6-6、公式 6-7 每个收集点仅被 1 辆车收集并且仅收集 1 次;公式 6-8 每个收集点被分配到某辆车,且仅被分配到某辆车;公式 6-9 每辆车的医疗废弃物收集量不能大于车的总容量限制;公式 6-10 每辆车在各收集点装载废弃物所用时间与其行驶的路程所用时间总和不能超过规定的时间。

6.4　带时间窗车辆路径问题的求解

6.4.1　求解算法介绍

潘立军(2012 年)指出带时间窗的车辆路径问题比一般的车辆路径问题加了时间窗约束,求解难度加大,有些问题找出可行解有很大难度,对此类问题的求解方法可分为 2 类:启发式算法和精确算法,其中启发式算法适合求大规模问题的"近优解"或"满意解",关注算法的鲁棒性、求解效率、解的性能等。启发式算法又可分为经典启发式算法和智能启发式算法,如表 6-2 给出了 3 种算法的特点、使用范围及每种算法中的主要方法。在此问题被证明为 NP 完全问题后,求解方法重点也转移到求近似最优解上,即更加关注启发式算法,启发式算法中智能启发式算法是目前学者研究的焦点,它是根据问题的初始解,按照某种机制生成初始邻域,以目标函数为条件不断改进邻域,然后选取某种可接受的标准作为搜索结束的依据。

表 6-2　车辆路径问题的算法分类

求解算法	特点、使用范围	主要方法
精确算法	求小规模问题的最优解,在实际中应用范围有限	分支定界法、最短路径法、动态规划法等
经典启发式算法	用局部搜索的方法求解问题的满意解,算法简单容易实现,但是容易陷入局部最优	扫描法、贪婪算法、节约算法、插值法
智能启发式算法	采用邻域搜索方法,集成人工智能思想进行全局搜索,要考虑算法设计的复杂性及参数设置对算法性能的影响	禁忌搜索算法、遗传算法、蚁群算法、粒子群算法、神经网络算法、模拟退火算法

6.4.2　蚁群算法

6.4.2.1　蚁群算法应用依据

阎辛酉对一般的车辆路径优化模型用蚁群算法进行求解;石丽红对带有时间窗的距离最短城市医疗废弃物车辆优化模型应用了蚁群算法进行求解;雷璐在生鲜农产品物流损耗控制研究中,构建了基于损耗控制的生鲜农产品路径优化模型,该模型为考虑惩罚成本的软时间窗车辆路径优化模型,用改进蚁群算法进行求解;李琳等设计了改进的蚁群算法求解硬时间窗问题,通过和相关文献结果比对发现,改进蚁群算法在解的性能和求解效率上都优于遗传算法和禁忌搜索算法,从而得出蚁群算法是求解带时间窗车辆路径优化问题的一种有效算法。该文建立的模型为带硬时间窗的车辆路径优化问题,因此采用改进的蚁群算法求解。

6.4.2.2　蚁群算法的描述

1991 年意大利学者 Dorigo 首次提出蚁群算法(ant colony optimization,ACO)是受到自然界蚁群行动的启发。根据仿生学研究发现,蚂蚁通过某段没有经过的路径时,会随机选择一条路前进,同时会在路上释放一种与所走路径长度相关的特殊分泌物——信息素,蚂蚁根据所走路程的长短,决定释放信息素量的大小,路径越短释放信息量越大。后面经过此路口的蚂蚁根据信息素浓度的大小决定以后走哪一步的概率,这就形成了一个良性循环的正反馈机制:随着时间的增加,最短路径上的信息量不断被加强,其他路径上的信息量相对较少,最后整个蚁群达到最优路径。蚁群觅食的过程可

以表示为"双桥实验"图,小圆圈表示蚂蚁,从图6-5可以看出,蚂蚁巢穴与食物之间较短路径上的蚂蚁较多,后来的蚂蚁将会随着时间的推移越来越大概率选择较短的路径觅食,最终将会完全选择最短路径。

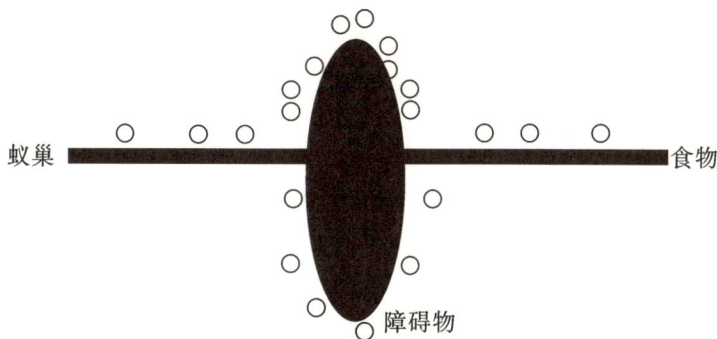

图6-5 自然界蚂蚁觅食模拟

6.4.2.3 基本蚁群算法的模型

蚁群算法最早成功地应用于解决 TSP 问题,采用分布式并行算法,具有较强的鲁棒性。但搜索时间较长易陷入局部最优。在蚁群算法中,有4个过程对搜索起重要作用。蚂蚁系统是其他蚁群算法的原型,因此首先介绍蚂蚁系统模型建立。以旅行商问题为例,参数的设置如下:

$b_i(t)$:t 时刻在城市 i 的蚂蚁个数;m:蚂蚁的总数目,则由 $m = \sum_{i=1}^{n} b_i(t)$;$d_{ij}$:两个城市间距离;$\eta_{ij}(t)$:启发函数,$\eta_{ij}(t) = 1/d_{ij}$,为蚂蚁在 i 到 j 两城市间的期望程度;$\tau_{ij}(t)$:路径 (i,j) 在 t 时刻信息量,设 $\tau_{ij}(0) = const$,表示在开始时刻,各路径上的信息量相同。算法设计如下:

1)转移概率设置

$p_{ij}^k(t)$:蚂蚁 k 在 t 时刻从城市 i 转移到城市 j 的转移概率,此概率是蚂蚁 $k(k = 1,2,\cdots,z)$ 在运动过程中,根据启发信息和各条路径上的信息量计算出来的,具体如下:

$$p_{ij}^k(t) = \begin{cases} \dfrac{[\tau_{ij}(t)]^\alpha \cdot [\eta_{ij}(t)]^\beta}{\sum_{s \in allowed_k} [\tau_{is}(t)]^\alpha \cdot [\eta_{is}(t)]^\beta} & j \in allowed_k \\ 0 & 否则 \end{cases}$$

(公式6-11)

用 $allowed_k = \{0,1,\cdots,n\}$ 来表示蚂蚁 k 下一步要选择的地点,α 为信息启发因子,用来表示蚂蚁在路径选择时运动中累计信息的重要程度,代表蚂蚁轨迹的相对重要性,值越大选择该路径的可能性越大;β 为期望启发因子,

用来表示蚂蚁在路径选择中启发信息的重要程度,表示能见度的相对重要性,值越大则该状态的 $p_{ij}^k(t)$ 越接近贪心规则。

2)信息素更新策略

$\tau_{ij}(t+n)$:$t+n$ 时刻路径(i,j)上的信息量,信息素的更新法则为模仿人脑记忆规律,当新信息大量进入时,旧的信息逐渐淡化。

$$\tau_{ij}(t+n) = (1-\rho) \cdot \tau_{ij}(t) + \Delta\tau_{ij}$$

$$\Delta\tau_{ij} = \sum_{k=1}^{m} \Delta\tau_{ij}^k(t) \qquad (公式6-12)$$

其中ρ为信息素挥发系数,$1-\rho$为信息素残留因子,$\rho \subset [0,1]$;$\Delta\tau_{ij}$表示信息素的增量,初始值为0,$\Delta\tau_{ij}^k(t)$为第k只蚂蚁留在路径(i,j)上的信息素增量。

根据$\Delta\tau_{ij}^k(t)$的不同设置,Dorigo 按照信息素更新策略不同把蚁群算法分为3类,分别为:Ant-Cycle 模型、Ant-Quantity 模型和 Ant-Density 模型,其中$\Delta\tau_{ij}^k(t)$的设置分别为:

$$\Delta\tau_{ij}^k(t) = \begin{cases} \dfrac{q}{l_k} & 若第k只蚂蚁在整个循环中经过(i,j) \\ 0 & 否则 \end{cases}$$

$$(公式6-13)$$

其中,q表示信息强度,会影响算法收敛速度,l_k为第k只蚂蚁在本次循环中所走路程总和,表示蚂蚁完成整个循环后更新信息素的信息,利用的是整体信息。在求解 TSP 问题时性能较好,因此为蚁群算法的基本模型。

$$\Delta\tau_{ij}^k(t) = \begin{cases} \dfrac{q}{d_{ij}} & 若第k只蚂蚁在t和t+1间经过(i,j) \\ 0 & 否则 \end{cases}$$

$$(公式6-14)$$

$$\Delta\tau_{ij}^k(t) = \begin{cases} q & 若第k只蚂蚁在t和t+1间经过(i,j) \\ 0 & 否则 \end{cases}$$

$$(公式6-15)$$

公式利用表示蚂蚁完成一步后更新信息,用的是局部信息。

3)以 TSP 为例蚁群算法的实现

如图6-6所示步骤,首先初始化变量 $A(t)$,A 为各城市顶点连线构成的边集,然后根据目标函数对蚂蚁做适应度评价,蚂蚁按照适应度函数决定经过路径释放信息素的大小,如果适应度函数高,蚂蚁释放信息素量就大。蚂蚁进行路径选择是通过自己的判断加上前面蚂蚁留下的信息素实现的。

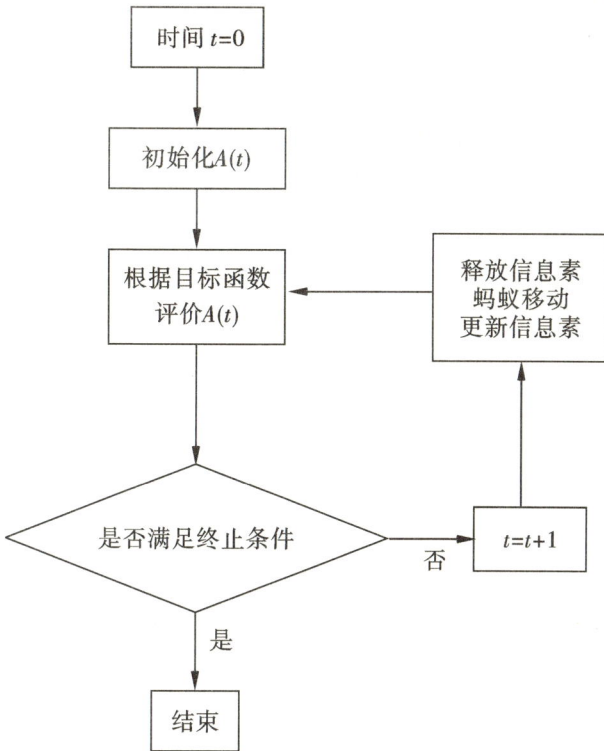

图6-6　蚁群算法流程

6.4.3　改进蚁群算法

目前的蚁群算法在求解带时间窗问题具有一定的优势,可以使搜索结果集中在最优解附近,提高了搜索的效率和收敛速度,但同时存在一定的缺陷,如容易出现早熟收敛行为、收敛速度较慢。因此对蚁群算法做如下改进。

6.4.3.1　改进蚁群算法的设计

1)信息素轨迹限制

如果在搜索时,每个选择点上的1个信息素轨迹量明显高于其他选择,就会发生停滞现象,因为根据转移概率和正反馈这个选择上的信息素会被不断地加强,蚂蚁将不断地重复建立同一个解,导致搜索停滞,陷入局部搜索。

为了避免搜索陷入局部优化,对信息素的数量进行约束,采用最大-最小蚂蚁系统(MMAS)思想,将信息素轨迹量的值限定在一定区间,可以避免

在搜索过程中各信息素轨迹之间的差异过大,对信息素的最大值 τ_{max} 和最小值 τ_{min} 进行规定,使得 $\tau_{min} \leqslant \tau_{ij} \leqslant \tau_{max}$,满足下面公式:

$$\tau_{ij} = \begin{cases} \tau_{max} & \text{若 } \tau_{ij} \geqslant \tau_{max} \\ (\tau_{min} + \tau_{max})/2 & \text{若 } \tau_{ij} \leqslant \tau_{min} \end{cases} \qquad \text{(公式 6-16)}$$

$L(s^{gb})$ 为全局最好解的路径长度,则每次迭代路径上增加的最大信息素为 $1/L(s^{gb})$,每次更新最好的解时,需要同时更新 τ_{max} 和 τ_{min} , τ_{max} 与信息素挥发因子 ρ 及 $L(s^{gb})$ 成反比,精英蚂蚁数目成正比。因此在信息素没更新前,设置 τ_{max} 和 τ_{min} 为:

$$\tau_{max}(t) = \frac{1}{2(1-\rho) \cdot L(s^{gb})}$$

$$\tau_{min}(t) = \frac{\tau_{max}(t)}{15} \qquad \text{(公式 6-17)}$$

当信息素更新后, τ_{max} 由下列公式确定:

$$\tau_{max}(t) = \frac{1}{2(1-\rho) \cdot L(s^{gb})} + \frac{\sigma}{L(s^{gb})} \qquad \text{(公式 6-18)}$$

其中 σ 表示精英蚂蚁的数量。

2)加入节约法的转移路径概率设置

针对蚁群算法搜索速度慢的缺陷,在转移路径概率设置时加入节约法,提高算法的效率。节约法是求速度较快的一种解法,其基本思想为:假设只有一个配送中心 o 和两个派送点 i 和 j ,如果用 2 辆车运输且用 d 表示两点间距离,则总的运输距离为: $2 \times (d_{oi} + d_{oj})$;如果用 1 辆车运输,则总的运输距离为: $d_{oi} + d_{ij} + d_{jo}$;与用 2 辆车运输节省的距离 μ 为: $\mu_{ij} = d_{oj} + d_{oi} - d_{ij}$,根据车辆容量和时间窗的约束条件及节约量的大小,不断地优化车辆路径。该方法简单易行,求解效率较高。

加入节约法的蚂蚁在 t 时刻从城市 i 到城市 j 的转移规则为:

$$s = \begin{cases} \underset{j \in allowed}{\arg\max} \{ [\tau_{ij}(t)]^{\alpha} \cdot [\eta_{ij}(t)]^{\beta} [\mu_{ij}(t)]^{\gamma} \} & q \leqslant q_t \\ S & q > q_t \end{cases}$$

$$\text{(公式 6-19)}$$

其中 q 为均匀分布的随机变量,取值为 $[0,1]$, q_t 为 $[0,1]$ 的确定性选择概率,取初始值 $q_t = 1$,随搜索过程动态调整, τ_{ij} 、 η_{ij} 和 μ_{ij} 分别为信息素浓度、能见度和节约量, α 、 β 和 γ 表示各变量的相对重要程度。

3)信息素更新法则

MMAS 方法搜索的更新方法为:在每次循环后只对迭代最优解 S^{ib} 的蚂蚁更新信息轨迹,这样保证了在每次循环是迭代最优解都会不同,并且在最

优解中出现次数较多的解元素信息素会增强。这种更新信息素的搜索方法使信息素在更多的解元素上获得增强,避免得到质量较差的解:

$$\tau_{ij}(t+1) = \rho\tau_{ij}(t) + \Delta\tau_{ij} \qquad (\text{公式 } 6\text{-}20)$$

其中,ρ 为信息素残留系数:

$$\Delta\tau_{ij} = \begin{cases} q/S^{ib} & \text{若 } i,j \text{ 为本次最优路径} \\ 0 & \text{否则} \end{cases} \qquad (\text{公式 } 6\text{-}21)$$

6.4.3.2　求解步骤

第一步:初始化各参数,设迭代计数器 $nc = 1$。

第二步:把 m 只蚂蚁位于车场(出发点)(要保证所有的节点都被访问到,如果 m 太小,可适当调整 m 值),建立需要满足的客户集合 $N_{net} = \{N_1, N_2, \cdots, N_n\}$,对每只蚂蚁 k 建立禁忌表 $tabu_k$ 记录蚂蚁 k 当前走过的节点,同时建立候选节点列表。

第三步:根据时间窗和车辆容量限制,确定蚂蚁下一步可转移节点 j 集合 $N_{allowed}$,如果为空集,转向第五步;若非空集则进入下一步。

第四步:按照转移概率和转移规则,确定蚂蚁下一步转移点 j,将客户 j 放入当前解集合 N_{net} 中,同时更新蚂蚁 k 的禁忌表 $tabu_k$,把蚂蚁转移到客户 j 处。

第五步:判断 N_{net} 是否为空集,若为空集,说明所有的客户都已经被满足,把蚂蚁重新放回出发点,同时若 $k \leqslant m$,则 $k+1 \rightarrow k$,$N_{net} = \{N_1, N_2, \cdots, N_n\}$,转入第二步重新开始,否则转入下一步;若 N_{net} 不为空集,则把蚂蚁 k 重新放回出发点,将车辆载重变为0,转向第三步。

第六步:计算每只蚂蚁的迭代最优解 S^{ib},更新路径上的信息素含量,同时更新信息素的上下限,τ_{max} 和 τ_{min},对 $\tau_{ij}(t)$ 做适当调整。

第七步:比较本次最优目标函数值与上次值,如果更好,则更新最优目标函数值和最优路径,同时若 nc 达到最大循环次数,则计算结束;否则 $nc \rightarrow nc+1$,清空禁忌表,转入第三步(图6-7)。

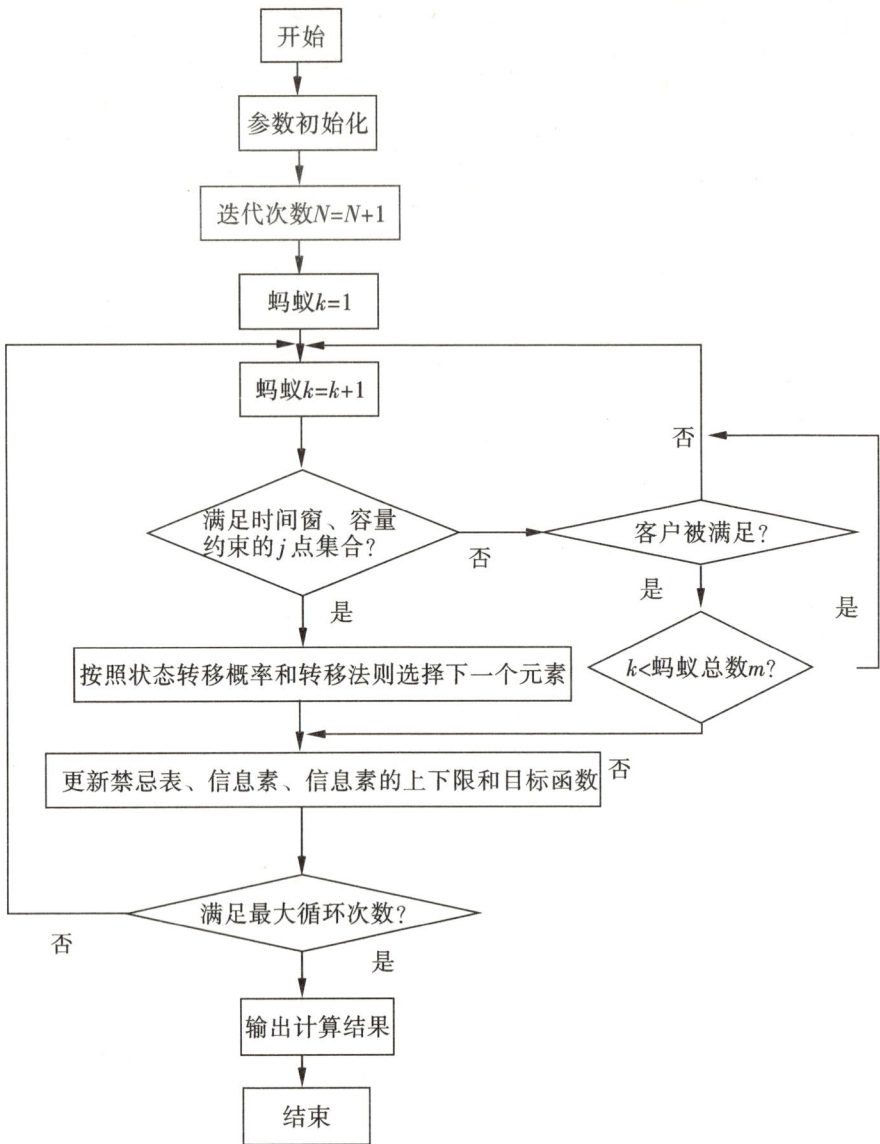

图6-7 改进蚁群算法程序结构流

6.5 以新乡县为例车辆路径优化求解

6.5.1 问题描述

农村地区选址,采用球面距离且 w_{ij} 为 1.5,燃油费 500 元/月,c 为

3 元/千米,车辆的固定成本包括工人工资为 3 500/月,保险 6 000 元/年,维修费为 1 000 元/月和折旧费 1 000 元/月等,每月为 7 000 元左右,因此每月每辆车的费用取值为 f_k 为 230 元/次;q_k 为车满载的容量,医疗废弃物一般都装在医疗废弃物箱子中,箱子的容量为 10 千克,车辆满载为 90 箱,此处选择车载重量为 900 千克的医疗废弃物转运车;t_e、t_l 分别为上午 5 点和上午 10 点。v 为车辆的速度取 45 ~ 60 千米/小时;车辆的装载时间由固定时间和变动时间两部分构成,假设从车辆停下到最后离开,需要登记和交接手续的办理,设固定时间为 10 分钟,即为 0.166 7 小时;每装载一箱即 10 千克需要 3 分钟,即 0.05 小时,则每千克需要的装载时间为 0.005 小时,因此装载时间的表达式为:

$$t_{ik} = 0.166\ 7 + 0.005 \times q_i \qquad \text{(公式 6-22)}$$

6.5.2 算法求解与分析

经多次试验,最终确定迭代次数 50 次,蚂蚁 50 只,如图 6-8 所示,用时 14.851 414 秒,在迭代 26 次后,趋于稳定,收敛效果较好,运输路径从最初的 550 千米,下降为 485 千米。

从最优收集路径图 6-9 和车辆路径优化最优结果图 6-10 可以看出,新乡县医疗废弃物暂存处共 25 个点加上医疗废弃物处理企业总共 26 个点,共需要 2 辆车运输,最低成本为 945.125 1 元,车辆收集最优路径如表 6-3 所示。

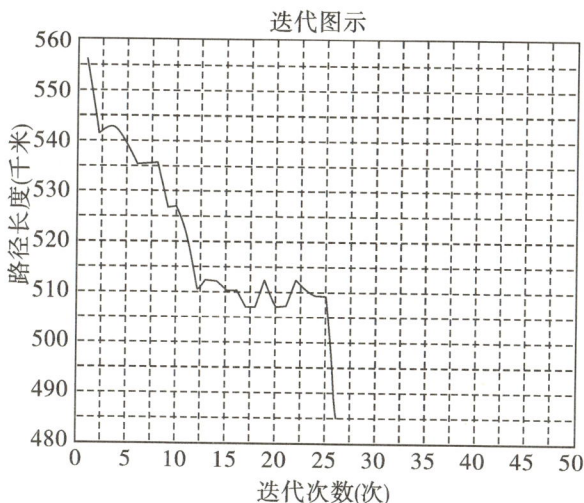

图 6-8 医疗废弃物车辆路径优化迭代

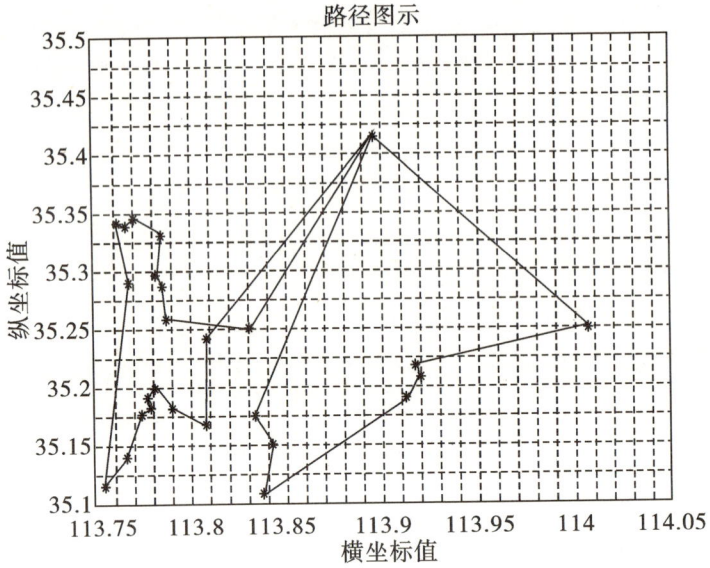

图 6-9　医疗废弃物车辆收集最优路径

```
car=

    2

opt_cost=
 945.1251

opt_tour=
 Columns 1 through 23
  1  9  26  18  20  17  16  19  23  24  4  14  12  13  15  3  2  11  10  1  25  22  21
 Columns 24 through 28
  7  6  8  5  1
Elapsed time is 14.851414 seconds.
```

图 6-10　医疗废弃物车辆路径优化最优结果

表6-3　车辆收集最优路径

车辆序号	第1辆车	第2辆车
收集路线	1-9-26-18-20-17-16-19-23-24-4-14-12-13-15-3-2-11-10-1	1-25-22-21-7-6-8-5-1
实际收集路线	回收企业-翟坡镇-东贾城村-县医院-中街村-小冀镇-高村-罗滩村-刘八庄村-店后营村-西北园-合河乡-前村-郭小郭村-后高庄村-大召营镇-岗头村-李任旺村-回收企业	回收企业-东王庄村-八柳树村-曹杨庄村-张庄村-朗公庙镇-古固寨镇-回收企业

6.5.3　灵敏度分析

6.5.3.1　医疗废弃物转运车辆载重变化

医疗废弃物转运车辆载重的变化会影响运输路线和运输成本,已经研究了载重为900千克的转运车,这里取车的载重为400千克的小车,和载重为1 495千克的大型运输车辆,比较结果的差异。

1)当车的载重为400千克时

当车的载重量为400千克时,最优路径为635千米,需要3辆运输车,最优成本为1 315.3元,1号车的路径为:1-10-9-20-17-16-19-23-24-11-1;2号车的路径为:1-2-3-15-13-12-14-4-18-26-21-25-1;3号车的路径为:1-22-7-6-8-5-1(图6-11)。

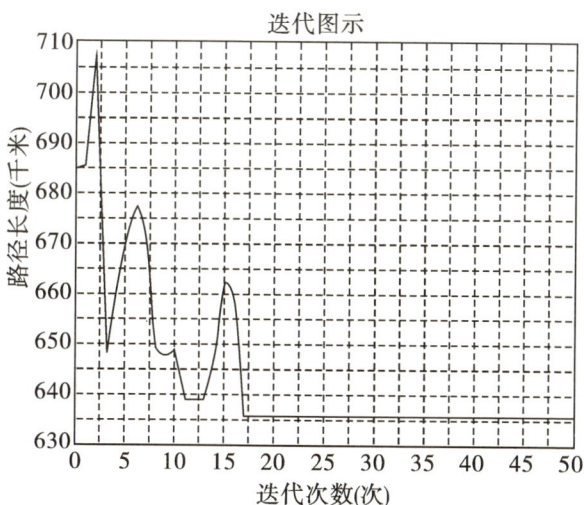

迭代图示

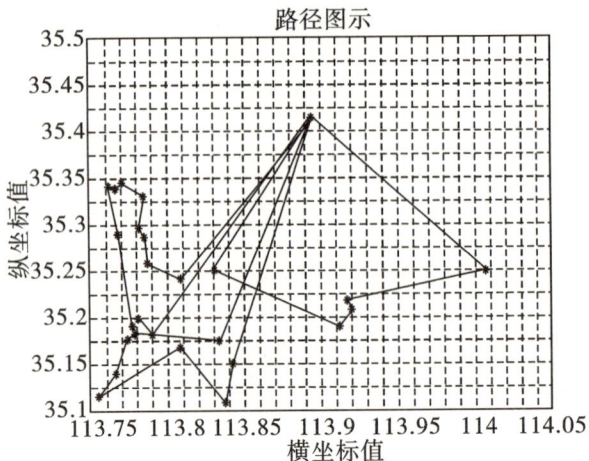

路径图示

opt_cost=

1.3153e+003

opt_tour=

Columns 1 through 23

1　10　9　20　17　16　19　23　24　11　1　2　3　15　13　12　14　4　18　26　21　25　1

Columns 24 through 29

22　7　6　8　5　1

图 6-11　医疗废弃物转运车辆载重为 400 千克时最优结果

2) 当车的载重为 1 495 千克时

当车的载重量为 1 495 千克时,最优路径为 500 千米,需要 2 辆运输车,最优成本为 960.702 元。1 号车的路径为:1-10-9-11-2-3-15-13-12-14-4-24-23-19-16-17-20-18-25-1;2 号车的路径为:1-26-21-22-7-6-8-5-1(图 6-12)。

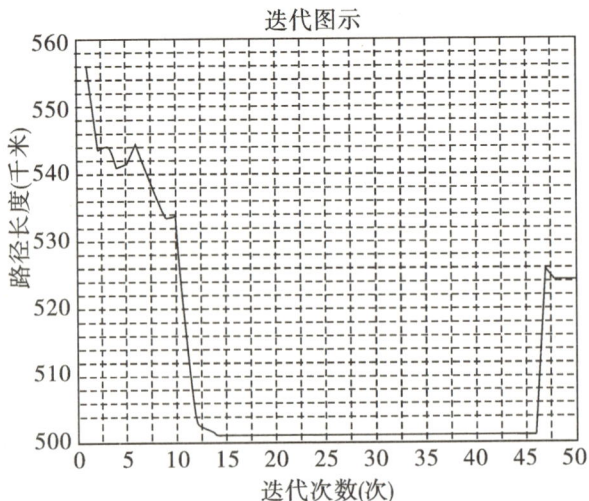

迭代图示

路径图示

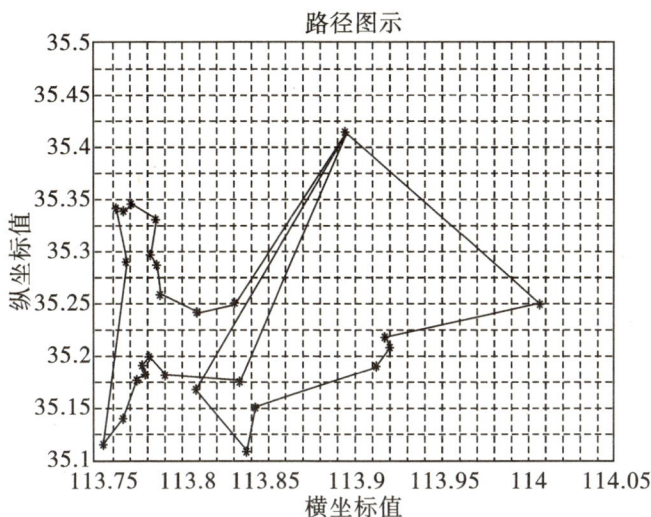

opt_cost=

960.7020

opt_tour=

Columns 1 through 23

 1 10 9 11 2 3 15 13 12 14 4 24 23 19 16 17 20 18 25 1 26 21 22

Columns 24 through 28

 7 6 8 5 1

图6-12　医疗废弃物转运车辆载重为1 495千克时最优结果

3)大中小3种车型对比分析

从表6-4可以看出,选用不同的载重车型,对转运车辆台数、运输最优距离和最优成本均会产生影响,比较分析发现,选择载重为900千克的转运车时,成本最低为945.125 1元。因此应该根据暂存处的不同特征,选择合适的载重车型进行运输,达到降低运输成本的目的。

表6-4　医疗废弃物车辆载重变化对结果的影响

车型载重(千克)	车辆台数	运输最优距离(千米)	最优成本(元)
400	3	635	1 315.3
900	2	485	945.125 1
1 495	2	500	960.702

6.5.3.2　其他参数变化

此外如车辆的固定成本、运输的单位成本、车辆的车速、收集医疗废弃物所用时间等这些变量的变化都会引起总回收成本的变化,在运输过程中应该尽量降低固定成本,减少医疗废弃物收集所用时间,达到降低总成本的目的。

6.6　本章小结

本章首先从逆向物流回收物品特征对车辆路径优化影响、逆向物流的运输网络分类、医疗废弃物对运输条件的特殊要求等出发,分析了影响车辆优化模型构建的因素,并且在梳理比较各种车辆路径模型的基础上,充分考虑医疗废弃物车辆路径模型的独特性,如废弃物必须在早晨10点前运输完毕,且农村路段受交通、人数密集度的影响较少,在建模时充分考虑车辆的固定成本和运输成本,优化目标为车辆的总成本最小,建立硬时间窗的车辆路径优化模型,要求每辆车的医疗废弃物收集量不能大于车的总容量限制,每辆车在各收集点装载废弃物所用时间与其行驶的路程所用时间总和不能超过规定时间。

在此问题被证明为NP完全问题后,求解方法重点也转移到求近似最优解上,改进蚁群算法在解的性能和求解效率上都优于遗传算法和禁忌搜索算法,从而得出蚁群算法是求解带时间窗路径优化问题的一种有效算法。

通过信息素轨迹限制、加入节约法的转移路径概率设置和信息素更新法则等,设计改进的蚁群算法对模型进行求解。最后通过新乡县暂存处的车辆运输优化分析,验证了算法的有效性和可行性。通过带时间窗的车辆路径优化模型的构建,为医疗废弃物的回收处理企业的运输提供了考虑成本、时间、容量约束等路线选择的综合决策方法。

第7章

农村医疗废弃物回收处理中的关键技术

7.1 信息技术应用的必要性分析

2011 年的《关于进一步加强危险废物和医疗废物监管工作的意见》要求建立危险废弃物管理信息系统,尽快实现网上申报登记、转移管理等,建立危险废弃物产生单位、利用、处置单位档案库及突发事件应急决策系统;为提高信息化管理水平,提高管理效率,可借助摄像头、条码技术、地理信息系统、物联网技术等,全过程的跟踪和监督危险废弃物管理,包括:产生、储存、转移、利用、处置等环节。

但目前对河南省部分县市调查发展,农村医疗废弃物回收处置系统没有实现信息化,在做得较好的医疗机构会有回收量的纸质登记信息,但村级医疗机构没有信息。信息化的实现可以避免医疗废弃物收集过程中的不当处理、同时达到信息共享、公众监督等目的,具体体现在以下几个方面。

7.1.1 提高医疗机构管理效率和回收处置企业的收集效率

信息技术的应用,医疗机构可以及时、准确地获得医疗废弃物产生量的各种信息,如哪个科室产生医疗废弃物的量少、何种药品产生的医疗废弃物较多,这些信息有助于医疗机构采购时选用更环保的医药物品,同时有针对性地对医疗废弃物产生较多的科室进行培训,达到医疗废弃物使用过程减量化的目标,同时提高了医疗机构信息化管理的水平。

如果医疗机构建立统一回收信息技术服务平台,回收处置单位可以及时识别医疗废弃物的种类及数量,从而及时调整回收车辆的个数及回收路线,提高收集效率,为回收处置企业科学决策提供依据。

7.1.2　保证回收处置系统高效、低成本运转

实现医疗废弃物管理的信息化,形成从废弃物的分类、收集、运输和处置的全方位的信息化,把各环节的节点联系起来,如医疗机构、回收企业、政府部门和环保部门,实现各节点、各部门间低成本的数据交换和共享,提高了对医疗废弃物信息变化的反应敏捷性,提高了整个回收系统的效率。

7.1.3　使信息公开成为可能,提高监管力度

普通生活垃圾收集方式都暴露在公众的监督下,医疗废弃物与普通垃圾不同,收集在医疗机构和回收处置企业之间进行,运输也用专门的密闭车辆进行,具有隐蔽性,公众的监督较难实现。

我国新修订的《中华人民共和国环境保护法》,要求排污单位要公开污染物的相关信息,如污染物的种类、排放方式、污染设施运行状况等,接受社会的监督,同时公民和法人及其他组织享有参与和保护环境的权利。

因此医疗机构回收处置系统采用合适的信息技术,有利于形成规范化的信息,完成我国环境保护法的规定,同时增加了信息的透明度,使公众监督成为可能。信息公开会督促医疗机构及处置单位规范自身行为,防治非法倾倒、非法买卖等行为,使医疗废弃物回收处置符合国家环境保护要求,减少对环境的污染。

7.2　信息技术应用遵循的原则

7.2.1　适合农村特色

农村医疗机构相对城市较为分散,同时医疗废弃物的种类也与城市医疗机构不同,如村卫生室没有感染性很强的废弃物,因此在选择技术时要根据对象的不同,选择合适的技术,不能只考虑先进技术,不考虑实用性,要考虑技术实现的难易程度,适合农村医疗机构发展需要的就是最合适的。

7.2.2　简单易于操作

医疗废弃物回收处置的不同阶段,相关人员的知识、学历结构不同,如分类阶段为护士,收集阶段一般为外包环保人员,运输阶段为司机,他们负责医疗废弃物的登记、转运单据的填写等,因此要选用简单易操作的技术及友好的用户界面,方便不同知识结构的人员操作,提高信息的可利用性,以提高管理效率。

7.2.3 具有前瞻性和开放性

信息技术平台的构建不仅要符合目前农村卫生机构的特点,同时要从长期发展角度考虑,近期利益要服从长远利益,结合当前实际和长远发展趋势,使系统具有延展和升级扩容能力,同时要和其他的平台具有兼容性,各接口应该采用规定的统一标准。

7.3 逆向物流中的信息技术与比较

7.3.1 物流中用到的关键信息技术

徐成亮、路程等、张玲燕、冯希研究了现代物流中用到的信息技术如物联网、云计算等,从文献研究发现,信息技术可以分为3大类:第一类为通信技术,主要作用为信息交换和传输,它贯彻医疗废弃物管理的整个环节,包括各种网络技术;第二类为空间信息技术,主要作用是提供服务,如进行定位、地理标志可视化、跟踪、查询等,主要包括:全球定位系统、移动测量系统、地理信息系统等;第三类为信息交换技术,主要完成信息的快速输入、信息交换等功能,主要包括:射频识别技术、二维条码等(图7-1)。

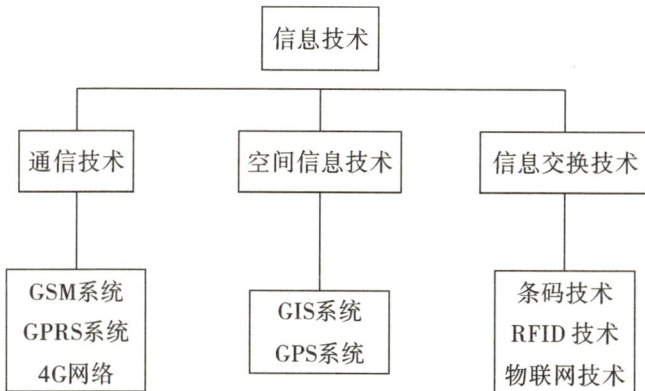

图7-1 逆向物流中用到的信息技术

7.3.1.1 射频识别技术

射频识别技术(radio frequency identification,RFID)是一种通过射频信号自动识别目标对象,获取信息的非接触式的自动识别技术。在发展初期,因为系统设备价格较贵,此项技术首先用于军事、实验室等,从20世纪80年代开始应用于农产品的跟踪、铁路车辆识别等,随着物联网的发展,RFID开始

在全球迅速发展,如沃尔玛商品在识别和跟踪时就采用了此技术。如图7-2所示。

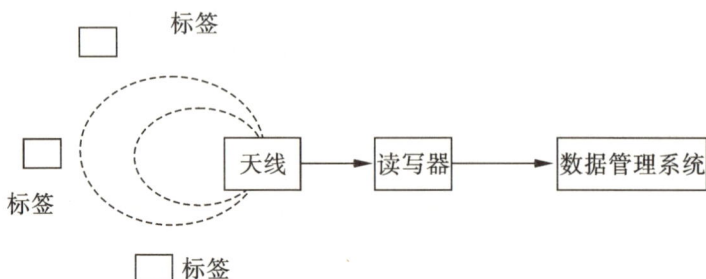

图7-2 射频识别技术原理

RFID优势表现在以下几个方面:

1)非接触、多目标

可以在没有光线、油渍、潮湿和灰尘污染等恶劣条件下读取数据,同时处理多个标签;非接触识别,传输距离可达1~150米。

2)标签数据容量大、可实现交互式

与二维条码相比,RFID标签数据容量可达10 000;如果需要可以用编程器给RFID标签写入数据,使标签具有交互式功能。

3)安全、动态

可以为标签读写设置密码,更加安全;标签以每秒50~100次的频率与解读器进行通信,保证了实时动态识别。但RFID标签及相应设备的成本较高,大规模推广费用较大,RFID技术的应用标准尚没达到统一,这些都妨碍了RFID技术在更广泛的领域应用。

7.3.1.2 条码技术

条码技术,最早在20世纪20年代诞生于Westinghouse的实验室,表示信息时是通过一组规则排列的条、空及对应字符组成的标记来完成的(《条码术语》GB/T 12905-2000),其中"条"指对光线反射率较低的部分,反射回来的是弱信号,"空"指对光线反射率较高的部分,反射回来的为强信号,"条"和"空"构成一定信息,可以被读取,然后转化为电脑可识别的信息。

按照携带信息的方式不同,分为一维条码和二维条码。一维条码由一组黑白相间、粗细不同的条状符号组成,在一个方向上通过条和空的排列组合储存信息。二维条码是用特定的几何图形按一定规律在平面(二维方向)上分布的黑白相间的图形来记录数据符号信息。

条码技术包括条码的编码、标识符号的设计、快速识别和计算机后台管

理组成,是实现电子数据交换、POS 系统等的前端采集技术,广泛应用于仓储、交通、超市等领域,是现代化物流管理应用最广泛的技术,快递行业的应用如快件到达扫描,当快件从车上卸下时,迅速扫描识别快件的信息,如收件人姓名、住址等,然后把信息上传到公司的信息管理系统;揽件扫描,当客户填写完快递单后,通过扫描条码信息,完成录入。我国的快递公司申通快递,就实现了 24 小时动态智能监控,库内全面支持条码管理。采集信息量大,速度快,条码录入是键盘录入的 20 倍。二维条码具有准确、信息输入速度快、保密性高、成本低等特点,已经在物流行业广泛采用。

7.3.1.3　地理信息系统

最早于 20 世纪 60 年代中期开始有地理信息系统(GIS),它是在计算机硬、软件系统支持下,以地理研究、地理决策为目的的人机交互空间决策支持系统,该系统通过对空间地理分布的数据采集、储存、管理、分析、显示和描述等,实时提供空间的、动态的地理信息,完成查询、图形显示等功能。GIS 运用计算机平台,参与和运算各种空间数据,完成各种应用服务。其中数字地面模型(DTM),用坐标系中的 x、y、z 坐标点,对带有空间位置特征和地形属性特征的数字进行描述(图7-3)。

GIS 包含以下五部分:人员、数据、硬件、软件和过程,其中人员负责定义GIS 中要执行的任务和开发程序;数据,通过精确的数据,对查询和分析提供支持;软件和硬件,软件包括 GIS 软件、数据库、绘图、统计软件等,硬件要考虑使用是否方便,是否影响到软件对数据的处理速度;过程用来生成可验证的结果。

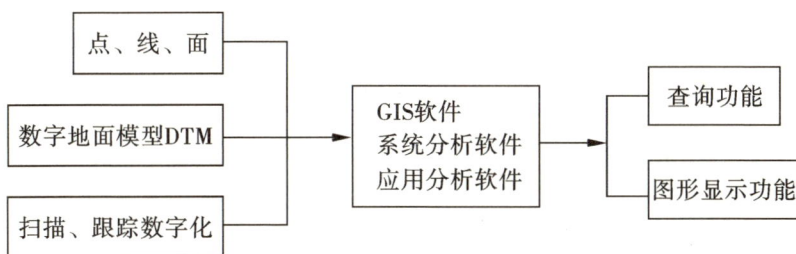

图 7-3　地理信息系统构成及功能

物流上对地理信息的应用体现为:把路面的地理信息如路况、人流量、交通量等空间信息形成数据库,形成道路模型的准确信息,对物流环境的车辆路径、设施选址、配送路线等进行优化,采用优化路径、共同配送等方式,可以提高整个物流管理的效率,降低成本。

7.3.1.4 全球定位系统

美国最早在 1973 年开始研制全球定位系统(GPS),1994 年建成了多颗卫星定位、导航系统,该系统具有海陆空全方位实时三维导航与定位能力。由 3 部分构成:空间卫星系统、地面监控系统、用户接收系统。用户接收系统实现跟踪和检测功能是通过接收卫星定位信号实现的,只要能接收到 3 颗卫星的信号就能完成,这些用户接收系统通常安装在车辆和船舶等交通工具上。

在物流上的应用,可对运输车辆进行实时定位、监控,这些车辆信息会传给调度中心便于车辆路径优化;同时也可以传输给需要信息的用户。如快递的用户可以查询车辆具体位置、在途信息等。世界上最大的商业零售企业沃尔玛在车辆定位时就是采用全球定位系统实现的,确保随时知道车辆的位置、远近卖场的距离,极大地提高了整个物流系统的效率。

7.3.1.5 通信技术

无线移动通信系统(GSM)也称 2G 网络,目前我国已经建成了覆盖 300 多个地区、2 000 多个县市,可以和 30 多个国家和地区自动漫游的 GSM 网络。它具有网络容量大、信息反映灵敏、成本较低等特点。

无线移动通信系统的发展下一代为通用分组无线服务技术(GPRS),也称第 2.5 代移动通信,是面向用户提供移动数据业务的网络,是 GSM 网络的补充。GPRS 具有数据传输速度快、资源利用率高等特点,费用方式按照传输流量计费。

从 2014 年开始 4G 网络开始在我国迅速发展,能满足用户对无线服务的需要,它具有下载速度快、传输信号质量高等特点,正在被广泛应用。

7.3.1.6 物联网

物联网是在"互联网技术"基础上延伸和扩展的网络技术,把末端设备通过各种无线或有线的通信网络实现互联互通、应用大集成等模式。在网络环境中,实现智能化识别、定位、追踪、监控和管理的技术。其中末端设备分为"外在使能"型和"内在智能"型。"外在使能"指智能化物品,如:携带无线终端的车辆、贴上 RFID 的物品等;网络环境包括内网、专网、互联网等。内在智能"指传感器、视频监控系统、移动终端、家庭智能设施、数控系统等。物联网技术通过提供个性化的管理和服务,如各种领域在线监测、决策支持、远程维护、远程控制、报警联动等,完成了高效、安全、便捷、全方位的一体化管理。

物联网技术在物流方面的应用,主要集中于正向物流的协同、逆向物流及具体到城市医疗废弃物管理回收处理系统,如周扬针对物流企业存在的

问题,提出了物联网环境下的多维协同管理,增强了物流系统的协同性,提高了物流企业资源有效配置的效率,实现了企业同时兼顾经济效益和社会效益的目标。贺超等指出逆向物流具有依赖性高、信息分散等特点,在此基础上,利用物联网技术建立了逆向物流管理信息系统,实现了正逆向物流的连接,系统定期不定期进行数据挖掘,为设计、采购、运输等部门提供管理参考;又如卢冰原等针对城市医疗废弃物管理中存在问题,给出了由政府监管的、医疗机构、回收处置企业、物流中心等多级协作处理模式,利用物联网等技术,构建了城市医疗废弃物多级协作信息平台。

7.3.2 不同信息技术的适用性比较

表7-1给出了每种信息技术的工作方法、组成、应用与物流的优缺点和适用范围,通过详细的比较,可以更明确地根据目前我国农村医疗机构的发展现状,如农村路况、经济相对不发达、医疗废弃物管理相关人员学历水平不高等特点,选择简单、实用的适合在农村医疗机构推广的信息技术。

表7-1　各种信息技术的适用条件比较

技术名称	工作方法	组成	应用与物流的优缺点	适用范围
射频识别技术	通过射频信号自动识别目标对象获取相关信息来实现非接触式自动识别	由射频标签、读写器、数据管理系统3部分组成。射频标签由天线和芯片组成,贴在物体表面,芯片中含有唯一的识别码;读取和写入标签信息通过读写器完成;射频标签和读写器通过电磁耦合或电感耦合实现能量的传递和数据交换	节省人工成本、增加了可靠性和灵活性、实现多目标识别、动态识别、非接触识别,识别距离较远,抗干扰性强,设备成本较高,大规模推广成本较大,应用标准不统一	适用规模较大、物品价值较高、对安全性要求较强的物流领域;对于较低或小规模物流管理系统,条码技术更适合

续表 7-1

技术名称	工作方法	组成	应用与物流的优缺点	适用范围
条码技术	我国二维条码技术始于1993	通过图像输入设备或光电扫描设备,自动识读实现信息自动化处理;编码可容纳1 108个字节,可把图片、声音、文字、签字、指纹等进行编码	高密度编码,信息容量大,编码范围广;成本低,易制作,持久耐用,可引入加密措施,防伪性好;读取方法较多;识别距离近、受环境约束,如潮湿、光遮盖等	高可靠、易保障、研发周期短的电子设备,有开发价值
全球定位系统	利用多颗通信卫星对地面目标测定,为用户提供三维位置、速度和定时等导航信息,该信息具有成本低、精度高的特点	由空间部分、地面支撑系统、接受设备3部分构成,进行导航和定位	对移动车辆进行动态实时跟踪,利用无线设备将信息发送到主控中心,便于对车辆进行有效调度和管理	全球全天候定位、定位精度高、仪器操作简便,提供车辆定位、防盗、反劫、行驶路线监控及呼叫指挥等功能
地理信息系统	通过人机交互式的空间决策支持系统完成地理研究、决策目的,实时提供空间的、动态的地理信息	由人员、数据、过程、硬件、软件组成	利用分析模型,系统具有较强的空间综合分析和动态预测能力,可以产生高水平的地理信息;车辆上的导航装置,由GPS和GIS组成,GIS进行路径优化,合理安排调度运力,GPS负责导航	用于财产和资源管理、发展和路线规划、绘图和科学调查等

7.4 信息技术在农村医疗废弃物回收处理系统中的应用

7.4.1 信息技术在回收处理各流程的应用

7.4.1.1 农村医疗废弃物处理信息技术应用现状

农村医疗废弃物处理中用到的技术主要有 GPS 定位系统,负责运输废弃物的企业有专门的车辆。车辆符合国家要求,安装摄像头及 GPS 定位系统,在回收处理企业可以监督车辆的运行状况,但从医疗废弃物的开始阶段,废弃物的产生、分类到最后的回收,并没有信息技术的应用,为了避免医疗废弃物的非法倒卖、转移、倾倒。具体问题表现为以下几个方面:①村卫生室及部分乡镇级卫生院存在可循环利用的医疗废弃物随意买卖现象,由于农村医疗机构位置分散,对感染性医疗废弃物的回收和运输存在监督疏漏现象,同时回收交接记录混乱,没有按照规定的时间运送废弃物,这些都存在安全隐患;②对医疗废弃物暂存处的位置、运输路径的选址等,缺乏科学依据,造成了回收时间较长、回收效率较低;③县级、乡镇级和村级卫生机构是独立的数据记录,没有数据共享,有些医疗机构没有数据记录,这些对政府的监督和管理造成了困难,同时助长了某些企业为了自身利益谋取私利进行不合理回收。

7.4.1.2 农村医疗废弃物回收处理各流程信息技术的应用

美国对危险废弃物的管理已经实行了从产生到最后的处置全方位的监控,实行了严格的从摇篮到坟墓的全过程监管。我国也在 2011 年出台的《关于进一步加强危险废物和医疗废物监管工作的意见》中提到,对于危险废弃物要探索电子监控,从废弃物产生到最后处置实行全过程的电子监控,防止漏撒和倾倒等,提高监管效率。如图 7-4 所示医疗废弃物从产生到最后,每个环节都在监控之中,整个系统形成了完备的网络,完成医疗废弃物的实时、动态、科学的管理。具体每个环节应用的信息技术如下。

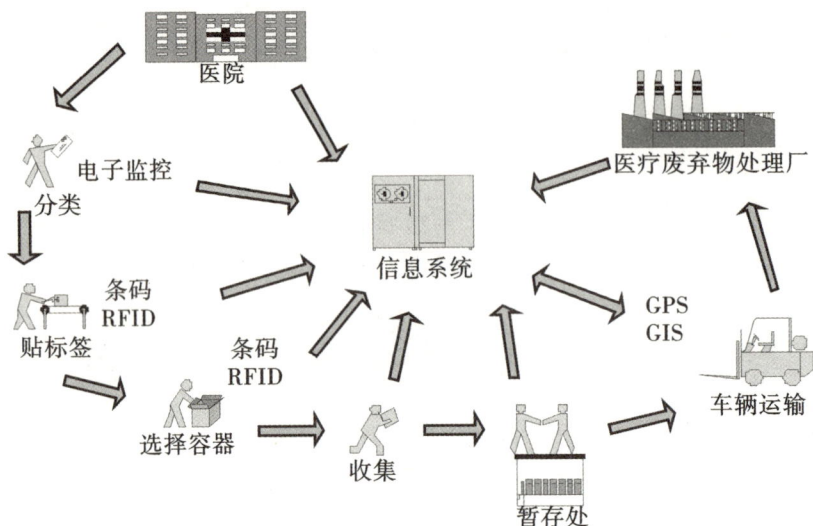

图 7-4　信息技术在农村医疗废弃物处置各流程的应用

1）分类环节电子监控的应用

在医疗废弃物的分类环节,如锐器应该放到专门的锐器盒中,一次性的塑料输液袋等要用专门容器回收,便于循环利用。医疗废弃物需要分类的地方,要安装摄像头监控医务相关人员的行为,防止医疗废弃物不按要求分类和随意处置现象。

2）贴标签、选择容器

分类的医疗废弃物要放入专门的容器中,对于选择条码技术还是 RFID,考虑到农村医疗机构经济条件,RFID 的标签成本较高,最低的也要十几美分,因此可以先选择条码技术,现在申通快递包裹上用的就是一维条码技术,可以达到包裹的全过程监控。农村医疗机构也可以采用这种成本较低的一维条码技术,操作简单,成本较低,容易推行。一维码的使用在盛放废弃物袋子和塑料容器中便于标识。随着经济发展水平提高、RFID 标签成本的降低和技术进步,可在未来逐步推行。

3）收集与暂存处信息登记

在各收集点及暂存处,配备专门的计算机终端,并接入专门的局域网,把医疗废弃物的数量、种类等数据直接传入政府的环保部门和卫计委及医疗废弃物处理厂。

4）车辆的运输环节

通过 GIS 地图可视化功能和 GPS 卫星定位和跟踪功能结合,可以实现农村医疗机构位置、暂存点经纬位置查询及车辆运输路径的可视化,这样便

于路径优化,同时 GPS 和无线通信技术如 GSM 和计算机网络结合,实现车辆信息的实时传输,完成监控中心和车辆的双向信号传输,实时动态监控车辆的位置和路径,同时防止医疗废弃的丢失、漏撒等状况。

在车辆从医疗废弃物存储处到最后的处理厂,每个环节都要做好医疗废弃物数量、种类的信息登记,同时进行容器上条码的扫描、识别,通过比对和信息的交接登记等制度,可以避免医疗废弃物的随意丢弃、买卖等发生,实现医疗废弃物管理的社会效益最大化,同时兼顾经济效益,保证环境安全。

7.4.2 面向农村的医疗废弃物回收处理信息技术多级协作平台

针对农村医疗废弃物回收处理系统中存在的问题,结合关键环节信息技术的应用,建立政府主导的农村医疗废弃物回收处理信息技术平台。该平台的构建对有效防止医疗废弃物的遗失、优化回收处理流程、充分发挥公众的参与和监督作用都具有重要意义。同时对医疗机构、回收处理企业、回收再利用企业都有很好的约束监督作用。这里重点介绍农村医疗废弃物协作平台的模式及回收企业信息平台的构建。

7.4.2.1 农村医疗废弃物多级协作平台模式

农村医疗废弃物多级协作平台,由农村医疗废弃物管理中心、医疗机构、回收企业和暂存处共同组成,其中管理中心处于主导地位,由政府部门的卫计委、环保局和监察大队等构成,对整个协作平台起管理和监督作用。该平台包括感知层、网络层和应用层 3 个层次,分别负责对数据及信息的感知、传输及提供具体应用服务。

1)感知层和网络层

感知层主要负责对医疗废弃物容器信息、回收车辆装载和运输信息及回收人员行为信息等进行实时采集和获取,由条码和射频识别、全球定位、地理信息系统、摄像头及传感器等构成,网络层负责把采集到的信息传输给应用层。

2)应用层

如图 7-5 所示,农村医疗废弃物多级协作平台的应用层包括医疗废弃物管理中心信息平台、医疗机构信息平台、回收处理企业信息平台、暂存处信息平台,各信息平台之间的数据可以共享,其中医疗废弃物管理中心信息平台由当地政府部门、环保局、卫计委 3 个单位共同组成,对医疗废弃整个信息平台进行管理监督,同时负责应急预案的制定。

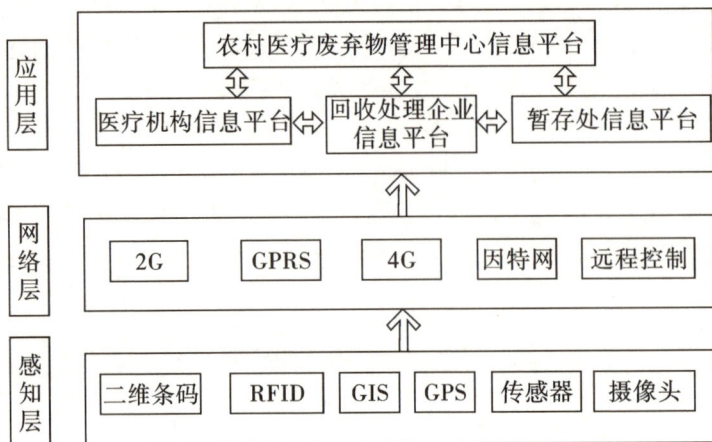

图 7-5　农村医疗废弃物多级协作平台构建

7.4.2.2　回收处理企业信息技术平台

医疗废弃物回收处理企业负责对医疗废弃物收集,信息技术平台的构建有利于回收企业更好地掌握医疗机构废弃物产生状况、车辆运行状态等信息,更好地高效收集废弃物,同时也有利于政府部门的监督和管理。该信息技术平台可以分为数据层、决策支持层和应用层 3 部分(图 7-6)。

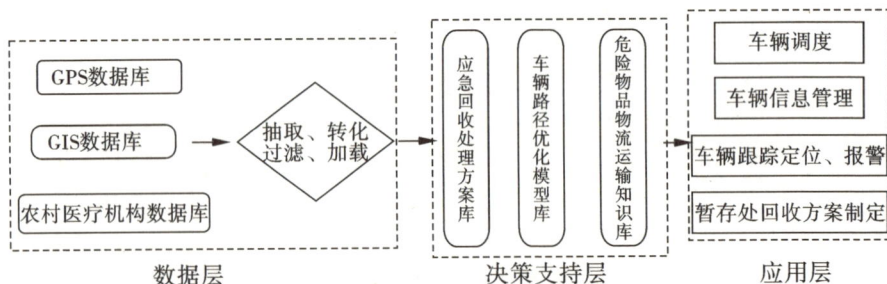

图 7-6　医疗废弃物回收处理企业信息技术平台框架

数据层收集了医疗废弃物相关数据、GPS 数据和 GIS 数据,然后把这些数据经过抽取、转换、过滤和加载等存入数据库;决策支持层对收集的数据进行处理、实现数据挖掘等应用功能,包括应急回收处理方案库、车辆路径优化模型库和危险物品物流运输知识库;应用层包括车辆调度、车辆信息管理、车辆跟踪定位和报警及暂存处回收方案制定。通过该平台实现对车辆路径优化,同时掌握车辆运行的实时数据如行驶里程、耗油量、装载量等,对车辆的不按规定路线行驶、超载、废弃物遗漏等问题都会及时报警,从而实

现运输过程的全程监督。

7.5　本章小结

　　本章首先从提高医疗机构管理效率和回收处置企业收集效率,保证回收处置系统高效、低成本运转和使信息公开成为可能,提高监管力度3个角度分析了农村医疗废弃物处理系统中回收技术应用的必然性,并分析了信息应用要遵循的3个原则:适合农村特色、简单易于操作、具有前瞻性和开放性。对目前物流中常用的信息技术进行分析,如射频识别技术、条码技术、地理信息系统、全球定位系统、通信技术和物联网,在比较各技术适用性的基础上,设计了信息技术在农村医疗废弃物管理各阶段的应用,并构建了面向农村的医疗废弃物多级协作平台。

第8章

建议与展望

8.1 政策建议

以"减量化、再利用和资源化"为目标,从农村医疗废弃物回收处理系统可持续发展、减少污染和危害的角度,着力提高我国医疗废弃物管理的科学性、规范性、系统性,提出以下政策建议。

8.1.1 完善农村医疗废弃物管理的政策法规,增强可操作性

从调研分析和系统动力学对感染性医疗废弃物产生量影响因素仿真,都凸显出政策法规的重要性,且农村医疗废弃物构成与城市不同,因此国家应该在2003年《医疗废物管理条例》和2011年《关于进一步加强危险废物和医疗废物监管工作的意见》的基础上,推进农村医疗废弃物管理的立法工作,重点从农村医疗废弃的分类和回收方面,制定管理的实施办法;同时地方政府及医疗机构应针对农村医疗废弃物的鉴别、分类、登记、应急方案等各方面,逐一完善配套的实施细则、指南和指导性意见,增加法律法规的可操作性。

8.1.2 加强监督力度,完善监督机制,创新监管手段

加强监督力度,完善监督机制。地方政府、环保部门、卫计委及医疗机构要进一步明确相关职能定位,全责分明,形成以政府为主导的互相协作、互相配合的监督管理体系,提高检查的针对性和有效性,提高农村医疗废弃物管理的效率;同时把监督检查工作常态化,加强监督检查的力度,把定期检查和抽查结合,及时通报检查结果;推行考核机制,把医疗废弃物管理合格率纳入地方政府环境绩效考核指标中。

创新监管手段,利用物联网、二维条码、摄像头、GPS等信息技术,建立农村医疗废弃物信息技术管理平台,健全农村医疗机构和经营单位档案库、突发事件应急决策系统,尽快实现医疗废弃物从鉴别分类、回收、运输到最后处置的全程电子跟踪监督,提高监督效率;定期通报医疗废弃物监督检查结果,公开医疗废弃物的种类、产生量、循环利用和处置状况等信息,推进信息公开,提高公众参与监督的积极性,促进舆论监督。

8.1.3　加强农村医疗废弃物基础设施及配套设施建设

问卷调研、访谈发现,医疗机构分类回收辅助设施缺乏,如锐器盒、专用袋、专用容器、专用车等,医疗废弃物的管理应首先考虑社会效益,医疗机构应尽快完善配套设施建设,促进医疗废弃物管理工作的规范化、标准化。

暂存处构建,农村医疗废弃物回收系统构建的关键环节为农村医疗机构相距较远,统一回收较为困难,以新乡县为例,设计了具体的暂存处构建方案,政府部门在参考该方案的基础上,结合专家评估等方法,和医疗机构结合尽快完成农村医疗机构暂存处的构建。

完善信息技术平台构建,构建以政府为主导的多级协作信息技术平台,该平台的构建有助于完善公众监督力度,因此政府部门应该督促医疗机构、回收企业、卫生局等多家单位首先建立自己的医疗废弃物数据相关平台,然后构建信息技术平台,对废弃物的管理实现动态化、实时化、透明化,提高管理效率和监督力度。

8.2　展望与不足

以农村医疗废弃物回收处理为对象,阐述了医疗废弃物的特征、危害,在现状及问题分析的基础上,构建了系统优化的框架,并从分类回收、暂存处选址、信息技术应用和车辆路径优化这4个主要环节给出了系统优化的策略和方法模型,模型部分给出了实际案例进行验证,但由于受到客观条件的限制,还存在着一些不足和需进一步深入研究的地方。

首先,在医疗废弃物选址模型构建时,不同的医疗机构分布会有不同的设施选址模型,本文以靠近城市的农村为研究对象,未来的研究可以考虑按照农村医疗机构地区分布的不同进行分类,构建选址模型。

其次,在选址和运输模型构建时,考虑了重要的影响因素,且研究注重普遍性和通用性,但对于实际中更细化和逐渐变化的情况,仍需要根据特征进行调整。

最后,由于医疗废弃物的产生量、组成成分、感染性医疗废弃物的分离

率等尚没有官方和权威的统计数据和统计方法,且学术界也没有统一的定义,因此在调研数据的取得上较为不易。书中涉及的调研数据均为问卷调研、访谈和实地考察的经验和估算数据,某些不够精确,但也比较符合实际情况。

附录1

医疗废弃物管理现状调查

问卷填答说明:请在选择选项上画"√",或者在横线上填适当的文字、数据;选择可为单选或多选,如果不知道请填"不知道",没有请填"无"。

第一部分:医院基本情况

1. 被调查者为:①医生;②护士;③管理人员;④其他_____。

2. 医院名称_____;住院患者数/天_____;门诊患者数/天_____;科室个数_____;病房个数_____;床位数_____。

3. 医院类型:① 公立;②私立。

4. 医院级别:①市级医院;②县医院;③乡卫生院;④村卫生室;⑤其他____。

第二部分:医疗废弃物的分类、收集、运输、处理

5. 医疗废弃物的分类:

废弃物类型	感染性	损伤性	病理性	药物性	化学性	总重量
医疗废弃物重量 (千克/天)						
废弃物分类、处理方法						

6. 医疗废弃物的分离、收集、贴标签、运输和处理:

医疗废弃物处理	锐器	感染性	损伤性	病理性	药物性	化学性	未分类
哪种医疗废弃物已经从普通废弃物中分离,请打"√"							
描述放置废弃物容器(袋子、纸箱、金属容器、塑料容器)							没有专门容器
描述哪种标签或者颜色标识作为废弃物分类标志							没有标识

7. 医院产生的主要医疗废弃物为:①感染性;②损伤性;③病理性;④药物性;⑤化学性。

8. 收集时是否做了保护措施或者戴专门的手套:①是;②否。

9. 在医院内部运输医疗废弃物容器为:①塑料箱;②袋子;③手推车、独轮手;④其他____。

10. 医疗废弃物在运出医院储存在:①临时储存处;②其他_____。

11. 医疗废弃物最后处理方式:①就近填埋;②就近焚烧;③统一回收;④其他_____,如果统一回收,多长时间回收一次_____。

第三部分:相关人员

12. 在医院管理中废弃物的分类、收集、储存、处置是否有专人负责:①是;②否。

13. 医院废弃物收集、储存、处置的人员为:_____;学历或者资质_____;是否接受过培训:①是;②否。如果接受过培训,则多长时间一次_____;对新进员工是否培训:①是;②否。

14. 废弃物工作人员对工作有没有详细的职责描述:①是;②否。

第四部分:废弃物管理条例

15. 是否知道废弃物管理的法规:①是;②否。如果是,请列出法规名称_____。

16. 在废弃物管理中是否有重点强调的文件:①是;②否。如果有,请列出文件名_____。

17. 是否有手册或者指南:①是;②否。如果有,是国家文件还是医院自己规定:①国家文件;②医院规定。

18. 是否有废弃物管理的长远计划:①是;②否。如果有请附上。

19. 是否有废弃物管理的团队:①是;②否。如果有,其中:

人员	分工	人员数
团队领导		
团队成员		
处理废弃物人员		

20. 从医院各科室收集废弃物时是否有具体步骤：①是；②否。

21. 是否有废弃物管理的监督人员（院长、办公室主任、感染科主任、各病房主任等）：①是；②否。如有请列出＿＿＿＿＿＿＿＿。是否有外部监督检查人员：①是；②否。如有请列出＿＿＿＿＿＿＿＿。

23. 您认为目前医疗废弃物管理中突出的问题是：＿＿＿＿＿＿＿＿＿

＿＿＿＿＿＿＿＿＿＿＿＿＿＿＿＿＿＿＿＿＿＿＿＿＿＿＿＿＿＿。

24. 有效管理医疗废弃物应该从哪些方面入手：＿＿＿＿＿＿＿＿＿。

附录2

新乡县各医疗废弃物收集点数据

新乡县各医疗废弃物收集点数据

编号	单位名称	级别	x 坐标	y 坐标	日产量(千克)
1	毛滩村		113.855 9	35.134 1	5.5
2	曹庄村		113.822 2	35.117	5.5
3	东李寨村		113.857 2	35.113 6	5.5
4	西李寨村		113.850 6	35.116 4	5.5
5	北任庄村		113.879 8	35.128 5	5.5
6	曹杨庄村		113.837	35.108 9	5.5
7	老杨庄村		113.855 8	35.105 1	5.5
8	敦留店村		113.750 2	35.158 4	5.5
9	夏庄村		113.820 2	35.119	5.5
10	八柳树村		113.842 4	35.152	5.5
11	余庄村		113.782 8	35.157 1	5.5
12	东曹村		113.774 2	35.156 9	5.5
13	西曹村		113.765 1	35.154 4	5.5
14	杨堤村		113.760 5	35.144 7	5.5
15	罗滩村		113.765 4	35.140 1	5.5
16	春庄村		113.754 9	35.135	5.5
17	杨庄村		113.759 8	35.136 7	5.5
18	康庄村		113.776 2	35.124 9	5.5
19	刘八庄村		113.754 5	35.115 4	5.5

续表

编号	单位名称	级别	x 坐标	y 坐标	日产量（千克）
20	丁庄村		113.771 4	35.112 8	5.5
21	大赵庄村		113.790 7	35.111 8	5.5
22	马庄村		113.806 3	35.121 9	5.5
23	刘店村		113.808 4	35.131 1	5.5
24	南王庄村		113.800 7	35.131 9	5.5
25	刘庄		113.822 2	35.141 5	5.5
26	东王庄村		113.833	35.176 9	5.5
27	府庄村		113.803 9	35.112 2	5.5
28	大张庄村		113.811 5	35.108	5.5
29	陈庄村		113.826 9	35.138 6	5.5
30	小张庄村		113.835 7	35.127 8	5.5
31	东杨兴村		113.853 9	35.150 6	5.5
32	西杨兴村		113.848 5	35.15	5.5
33	沟王村		113.840 3	35.134 8	5.5
34	戚庄村		113.849 2	35.174 8	5.5
35	李台村		113.833 8	35.201 7	5.5
36	龙泉村		113.839 6	35.208 4	5.5
37	七里营第三村		113.800 2	35.165 4	5.5
38	七里营镇	乡镇级	113.807 6	35.168 2	28
39	中街村		113.777	35.188 91	5.5
40	东石碑村		113.756 3	35.170 97	5.5
41	梁庄村		113.744 2	35.187 25	5.5
42	侯庄村		113.763 7	35.178 87	5.5
43	东贾城村		113.788 8	35.183 54	5.5
44	西崔庄村		113.748 1	35.209 32	5.5
45	聂庄村		113.795 1	35.211 03	5.5
46	西寺村		113.760 8	35.192 98	5.5
47	西贾城村		113.782 6	35.183 65	5.5

续表

编号	单位名称	级别	x 坐标	y 坐标	日产量（千克）
48	高村		113.774 4	35.178 58	5.5
49	杏庄村		113.748 6	35.176 57	5.5
50	东石牌村		113.757 6	35.170 44	5.5
51	郝村		113.776 9	35.206 78	5.5
52	小冀镇	乡镇级	113.778 8	35.183 19	30
53	冀庄村		113.761 4	35.198 99	5.5
54	王屯村		113.813 5	35.199 35	5.5
55	杨屯村		113.816 6	35.188 73	5.5
56	娄庄村		113.809 2	35.214 62	5.5
57	大兴村		113.810 9	35.184 07	5.5
58	许庄村		113.810 2	35.205 6	5.5
59	范岭村		113.755 2	35.350 61	5.5
60	合河村		113.767	35.336 8	5.5
61	朱小郭村		113.801	35.328 85	5.5
62	西永康村		113.721 3	35.327 9	5.5
63	贾桥村		113.779 5	35.332 85	5.5
64	潘屯村		113.773 9	35.350 26	5.5
65	后村		113.769 8	35.347 93	5.5
66	前村		113.770 1	35.344 75	5.5
67	西北园		113.761 4	35.342 63	5.5
68	北陈庄村		113.754 1	35.338 86	5.5
69	合河乡	乡镇级	113.765 9	35.338 98	25
70	西河村		113.754 8	35.334 5	5.5
71	石村		113.745 1	35.332 03	5.5
72	崔小郭村		113.778 9	35.327 9	5.5
73	田小郭村		113.793 1	35.330 85	5.5
74	郭小郭村		113.784 2	35.331 5	5.5
75	东北永康村		113.732 6	35.333 5	5.5

续表

编号	单位名称	级别	x 坐标	y 坐标	日产量(千克)
76	南永康村		113.726 9	35.322 54	5.5
77	西元封村		113.742 1	35.316 42	5.5
78	东元封村		113.759 4	35.320 9	5.5
79	南陈庄村		113.756	35.296 74	5.5
80	店后营村		113.766 6	35.291 56	5.5
81	后高庄村		113.781 6	35.298 04	5.5
82	前高庄村		113.778 5	35.294 74	5.5
83	代店村		113.769 6	35.289 79	5.5
84	李大召村		113.796 7	35.288 61	5.5
85	刘大召村		113.797 6	35.283 9	5.5
86	大召营镇	乡镇级	113.784 8	35.288 02	28
87	杨庄村		113.787 8	35.312 88	5.5
88	马唐马村		113.756 2	35.267 51	5.5
89	张唐马村		113.768	35.266 45	5.5
90	李唐马村		113.760 5	35.265 27	5.5
91	文营村		113.757 8	35.263 74	5.5
92	岗头村		113.786 7	35.259 5	5.5
93	北翟坡村		113.801	35.260 56	5.5
94	红林村		113.812 1	35.259 26	5.5
95	任小营村		113.819 4	35.253 01	5.5
96	牛任旺村		113.833 4	35.254 19	5.5
97	李任旺村		113.830 4	35.249 95	5.5
98	梁任旺村		113.849 2	35.250 3	5.5
99	长兴铺村		113.828 5	35.240 87	5.5
100	翟坡镇	乡镇级	113.808 6	35.241 57	26
101	西营村		113.78	35.243 58	5.5
102	东营村		113.792 8	35.240 87	5.5
103	周王庄村		113.785 5	35.240 04	5.5

续表

编号	单位名称	级别	x坐标	y坐标	日产量（千克）
104	大送佛村		113.768 7	35.234 97	5.5
105	小送佛村		113.778 4	35.227 72	5.5
106	寺王村		113.827 3	35.232 79	5.5
107	西大阳村		113.794 9	35.226 12	5.5
108	东大阳村		113.810 8	35.224 71	5.5
109	中大阳村		113.8	35.222 65	5.5
110	兴宁村		113.816	35.220 11	5.5
111	焦庄		113.831 8	35.226 71	5.5
112	田庄村		113.828 8	35.223 29	5.5
113	东荆楼村		113.892 3	35.177 46	5.5
114	永安村		113.927 2	35.207 66	5.5
115	原庄村		113.874 8	35.181 94	5.5
116	土门村		113.869 5	35.204 3	5.5
117	张庄村		113.913	35.189 55	5.5
118	张湾村		113.887 6	35.216 63	5.5
119	朱堤村		113.908	35.215 1	5.5
120	北街村		113.919 9	35.214 92	5.5
121	小河村		113.853 6	35.202 77	5.5
122	赵堤村		113.862 8	35.207 84	5.5
123	杨街村		113.871 5	35.208 43	5.5
124	曲水村		113.878 5	35.210 79	5.5
125	大泉村		113.880 5	35.207 37	5.5
126	贺堤村		113.917 3	35.219 99	5.5
127	崔庄村		113.910 8	35.177 64	5.5
128	毛庄村		113.906 8	35.153 08	5.5
129	小马头王村		113.890 1	35.162 06	5.5
130	东马头王村		113.882 2	35.152 38	5.5
131	后小庄村		113.874 8	35.181 18	5.5

续表

编号	单位名称	级别	x 坐标	y 坐标	日产量(千克)
132	前小庄村		113.867 9	35.166 54	5.5
133	朗公庙镇	乡镇级	113.919 9	35.207 61	32
134	古固寨镇	乡镇级	114.006 7	35.251 13	31
135	于庄村		114.000 7	35.269 52	5.5
136	史屯村		114.002 4	35.262 8	5.5
137	古南街村		114.002 3	35.236 15	5.5
138	小屯村		114.011 2	35.266 22	5.5
139	三王庄		114.021 9	35.262 91	5.5
140	王连屯村		114.053 4	35.252 07	5.5
141	崔井村		114.046 2	35.244 76	5.5
142	后辛张村		114.038 2	35.239 45	5.5
143	前辛庄村		114.036 2	35.232 97	5.5
144	小古固寨村		114.028 6	35.227 3	5.5
145	南张庄村		113.992 2	35.213 74	5.5
146	冷庄村		113.986	35.203 83	5.5
147	南辛庄村		113.973 4	35.195 81	5.5
148	李庄		114.052 8	35.255 84	5.5
149	新乡县医院		113.782 3	35.200 35	63

附录 3

新乡县各暂存处数据

新乡县各暂存处数据

编号	暂存处、处理厂	x 坐标	y 坐标	日产量(千克)
1	回收处理企业	113.895 4	35.414 96	0
2	大召营镇	113.784 8	35.288 02	33.5
3	后高庄村	113.781 6	35.298 04	16.5
4	店后营村	113.766 6	35.291 56	38.5
5	古固寨镇	114.006 7	35.251 13	102.5
6	朗公庙镇	113.919 9	35.207 61	36.5
7	张庄村	113.913	35.189 55	77
8	贺堤村	113.917 3	35.219 99	33
9	翟坡镇	113.808 6	35.241 57	75.5
10	李任旺村	113.830 4	35.249 95	49.5
11	岗头村	113.786 7	35.259 5	11
12	合河乡	113.765 9	35.338 98	41.5
13	前村	113.770 1	35.344 75	16.5
14	西北园	113.761 4	35.342 63	44
15	郭小郭村	113.784 2	35.331 5	27.5
16	小冀镇	113.778 8	35.183 19	35.5
17	中街村	113.777	35.188 91	27.5
18	东贾城村	113.788 8	35.183 54	44
19	高村	113.774 4	35.178 58	33

续表

编号	暂存处、处理厂	x 坐标	y 坐标	日产量（千克）
20	县医院	113.782 3	35.200 35	96
21	曹杨庄村	113.837	35.108 9	27.5
22	八柳树村	113.842 4	35.152	44
23	罗滩村	113.765 4	35.140 1	49.5
24	刘八庄村	113.754 5	35.115 4	11
25	东王庄村	113.833	35.176 9	22
26	七里营镇	113.807 6	35.168 2	77.5

参考文献

[1] ABDUL RAUFU AMBALI, AHMAD NAQIYUDDIN BAKAR. MWM in Malaysia: Policies, Strategies and Issues IEEE Colloquium on Humanities[J]. Science & Engineering Research, 2012(10): 3-4.

[2] REZA FARZIPOOR SAEN. A new model for selecting third-party reverse logistics providers in the presence of multiple dual-role factors[J]. International Journal of Advanced Manufacturing Technology, 2010, 46, (1-4): 405-410.

[3] 冯慧娟, 鲁明中. 德国废弃物回收体系的运行模式[J]. 城市问题, 2010(2): 86-90, 96.

[4] 朴玉. 日本家电废弃物回收处理状况分析[J]. 现代日本经济, 2012(1): 69-79.

[5] 胡晓龙, 王雪珍. 构建以政府为主导的电子废弃物回收网络保障机制[J]. 社会科学家, 2009(2): 73-76.

[6] 乌力吉图, 邹松涛. 静脉产业视角下电子废弃物回收再利用研究——以长三角地区为例[J]. 华东经济管理, 2009, 23(9): 22-26.

[7] 王兆华, 尹建华. 我国家电企业电子废弃物回收行为影响因素及特征分析[J]. 管理世界, 2008(4): 175-176.

[8] 王道平, 夏秀芹. 在我国电子废弃物回收中发挥第三方物流优势研究[J]. 北京工商大学学报, 2011, 26(4): 83-87.

[9] 王金霞, 李玉敏, 白军飞, 等. 农村生活固体垃圾的排放特征、处理现状与管理[J]. 农业环境与发展, 2011, 28(2): 1-6.

[10] M. CONCEIO FONSECA, LVARO GARCÍA-SÁNCHEZ, MIGUEL ORTEGA-MIER, et al. A stochastic bi-objective location model for strategic reverse logistics[J]. TOP, 2010, 18(1): 158-184.

[11] P. SASIKUMAR, GOVINDAN KANNAN, A. NOORUL HAQ. A multi-echelon reverse logistics network design for product recovery-a case of truck tire remanufacturing[J]. International Journal of Advanced Manufacturing Tech-

nology August,2010,49(9):1223-1234.

[12] MIR SAMAN PISHVAEE, KAMRAN KIANFAR, BEHROOZ KARIMI. Reverse logistics network design using simulated annealing[J]. International Journal of Advanced Manufacturing Technology March,2010,47(1): 269-281.

[13] SALLY KASSEM, MINGYUAN CHEN. Solving reverse logistics vehicle routing problems with time windows[J]. International Journal of Advanced Manufacturing Technology,2012,68(1-4):57-68.

[14] 连启里,张曦,张海滨.生态旅游区固体废弃物回收的模糊优化模型[J].管理学报,2009,6(10):1302-1305.

[15] 韦彤,耿娜,江志斌,等.面向确定需求的多服务多设施选址问题[J].工业工程与管理,2014,19(1): 47-52.

[16] 李灵芝,胡列格.区域公共停车设施选址优化方法分析[J].交通科技与经济,2014,16(2): 20-23.

[17] 赵树平,梁昌勇,戚筱雯,等.城市突发事件的应急设施选址群决策方法[J].系统管理学报,2014(6):810-818.

[18] 侯璐璐,刘云刚.公共设施选址的邻避效应及其公众参与模式研究——以广州市番禺区垃圾焚烧厂选址事件为例[J].城市规划学刊,2014,5:112-118.

[19] BASTIAAN JANSE, PETER SCHUUR, MARISA P, et al. A reverse logistics diagnostic tool: the case of the consumer electronics industry[J]. International Journal of Advanced Manufacturing Technology,2010,47(5):495-513.

[20] BRANDON KUCZENSKI, ROLAND GEYER. PET bottle reverse logistics—environmental performance of California's CRV program[J]. International Journal of Life Cycle Assessment,2013,18(2): 456-471.

[21] TAEBOK KIM, SURESH K, GOYAL, et al. Lot-streaming policy for forward-reverse logistics with recovery capacity investment[J]. International Journal of Advanced Manufacturing Technology,2013,68(68):509-522.

[22] XIANLIANG SHI, LING XIA LI, LILI YANG, et al. Information flow in reverse logistics: an industrial information integration study[J]. Information Technology and Management,2012,13(4):217-232.

[23] DANIJEL KOVACIĆ, MARIJA BOGATAJ. Reverse logistics facility location using cyclical model of extended MRP theory[J]. Central European Journal of Operations Research,2013,21(1):41-57.

[24] STEFAN HAHLER, MORITZ FLEISCHMANN. The value of acquisition price differentiation in reverse logistics[J]. Social Science Electronic Publishing,2013,83(83):1-28.

[25] BYEONG-KYU LEE, MICHAEL J. ELLENBECKER, RAFAEL MOURE-ERSASO. Alternatives for treatment and disposal cost reduction of regulated medical wastes [J]. Waste Management,2003,24(2):143-151.

[26] COBO,M,A GÁLVEZ,CONESA J A,et al,Characterization of fly ash from a hazardous waste incinerator in Medellin[J]. Hazard Mater, 2009,168 (2):1223-1232.

[27] PATIENCE ASEWEH ABOR. Managing healthcare waste in Ghana:a comparative study of public and private hospitals[J]. International Journal of Health Care Quality Assurance,2013,26(4):375-386.

[28] AKINWALE COKER, ABIMBOLA SANGODOYIN ,MYNEPALLI SRIDHAR. Medical waste management in Ibadan,Nigeria: Obstacles and prospects[J]. Waste Management,2009,29(2):804-811.

[29] YONG-CHUL JANG,CARGRO LEE,OH-SUB YOON,et al. Medical waste management in Korea[J],Journal of Environmental Management,2006,80 (2):107-115.

[30] E. C. AZUIKE. Healthcare waste management: what do the health workers in a Nigerian tertiary hospital know and practice[J]. Science,2015,3(1): 114-118.

[31] ALAM M Z,ISLAM M S,ISLAM M R. Medical Waste Management: A Case Study on Rajshahi City Corporation in Bangladesh[J]. Journal of Environmental Science and Natural Resources,2015,6(1): 173-178.

[32] MASUM A. PATWARY,WILLIAM THOMAS O' HARE,MOSHARRAF H. SARKER. Occupational accident:An example of fatalistic beliefs among medical waste workers in Bangladesh[J]. Safety Science,2012.50(1):76-82.

[33] JOSEPH L,PAUL H,PREMKUMAR J,et al. Biomedical waste management: Study on the awareness and practice among healthcare workers in a tertiary teaching hospital[J]. Indian journal of medical microbiology,2015, 33(1): 129.

[34] BALACHANDRAN P. Integrated Biomedical Waste Management for Small Scale Healthcare Units in India [J]. Springer International Publishing, 2015,46: 458-460.

[35] SINGH RAGHUWAR DAYAL. Bio-medical waste management among dental practitioners in India[J]. Waste Management, 2014, 34(3):712-713.

[36] SOBIA M, BATOOL S A, CHAUDHRY M N. Characterization of hospital waste in Lahore, Pakistan[J]. Chinese medical journal, 2014, 127(9):1732-1736.

[37] WEN X, LUO Q, HU H, et al. Comparison research on waste classification between China and the EU, Japan, and the USA[J]. Journal of Material Cycles and Waste Management, 2014, 16(2):321-334.

[38] CHINTIS V, CHINTIS S, VAIDYA K, et al. Bacterial population changes in hospital effluent treatment plant in central India[J]. Water Research, 2004. 38(2):441-447.

[39] ZHANG YONG, XIAO GANG, WANG GUANXING, et al. Medical waste management in China: A case study of Nanjing[J]. Waste Management, 2009, 29(4):1376-1382.

[40] LINGZHONG X U, XINGZHOU WANG, YUFEI ZHANG, et al. Hospital medical waste management in Shandong Province, China[J]. Waste Management & Research, 2009, 27(4):336-342.

[41] HAO JUN ZHANG, YING HUA ZHANG, YAN WANG, et al. Investigation of medical waste management in Gansu Province, China[J]. Waste Management & Research, 2013, 31(6):655-659.

[42] 张浩军, 张映华, 周垚, 等. 医疗机构医疗废弃物管理现状[J]. 中国消毒学杂志, 2012, 29(7):593-594.

[43] 李慧娟, 唐子尧, 徐凌中, 等. 医务人员对医疗废弃物管理的认知与态度分析[J]. 中国卫生经济, 2008, 27(6):49-51.

[44] 张浩军, 张映华, 王燕, 等. 农村地区医疗废弃物处理现状的调查分析[J], 中华医院感染学杂志, 2009, 19(21):2887-2888.

[45] 吕明远. 72家基层医疗机构对医疗废物管理的认知现状分析[J]. 中国实用医药, 2015(1):245-246.

[46] 姜萍, 李春霞, 谢鸿, 等. 住院患者及家属对医疗废物处理的认知状况调查分析[J]. 齐鲁护理杂志, 2015(1):66-67.

[47] 魏世刚, 汪亚丽, 张姚. 检验科医源性感染的危险因素分析与预防控制[J]. 中华医院感染学杂志, 2015(2):472-474.

[48] 杜凌燕. 手术室医疗废物分类管理的现状与对策[J]. 中医药管理杂志, 2015(1):161-162.

[49] 何敏芝, 支彩英, 郑国娣, 等. 加强手术室保洁人员医院感染防护措施与

管理教育的分析[J].中华医院感染学杂志,2014(22):5700-5701.

[50]孔丽丽,钟就娣,赖伟龙,等.医院贵重药品废弃物的管理思考[J].中国肿瘤,2014,23(11):932-933.

[51]贺政纲,刘沙.城市医疗废弃物回收路径优化研究——以成都市金牛区为例[J].物流技术,2015(1):117-119.

[52]石丽红.城市医疗废弃物回收处理模式及其网络研究[D].大连:大连海事大学,2011.

[53]阎辛酉.瀚洋公司医疗废弃物回收处理逆向物流系统优化研究[D].大连:大连海事大学,2009.

[54]戴佩芬.医疗废弃物逆向物流系统研究[D].大连:大连海事大学,2011.

[55]赵经纬.医疗废弃物回收中的模糊定位—路径—库存问题研究[D].大连:西南交通大学,2010.

[56]王梅,王珏.医疗废弃物逆向物流路径优化[J].物流工程与管理,2012.34(6):10-11.

[57]王绍仁.泉州市医疗废弃物回收中心规划及其政策研究[J].物流工程与管理,2013,35(5):163-167.

[58]A. M. M. MOREIRA , W. M. R. GÜNTHER, Assessment of medical waste management at a primary health-care center in São Paulo[J]. Waste Management,2013,33(1): 162-167.

[59]DIALA DHOUIB. An extension of MACBETH method for a fuzzy environment to analyze alternatives in reverse logistics for automobile tire wastes [J]. Omega,2014,42(1): 25-32.

[60]LIU H C,YOU J X,LU C,et al. Evaluating health-care waste treatment technologies using a hybrid multi-criteria decision making model[J]. Renewable and Sustainable Energy Reviews,2015,41: 932-942.

[61]KUMAR R,SOMRONGTHONG R,SHAIKH B T. Effectiveness of intensive healthcare waste management training model among health professionals at teaching hospitals of Pakistan: a quasi-experimental study[J]. Bmc Health Services Research,2015,15(1): 1-7.

[62]SAPKOTA B,GUPTA G K,MAINALI D,et al. Development and implementation of healthcare waste management policy at Civil Service Hospital, Nepal[J]. Journal of Pharmacy Practice and Research,2015,45(1): 57-63.

[63]MOCHUNGONG P. Assessing Health Risks from Sub-Standard Medical Waste Incineration: A Site Conceptual Model[J]. Human and Ecological

Risk Assessment An International Journal,2015,21（1）：129-134.

［64］PEREIRA A V,ROCHA F D L M,DO NASCIMENTO OLIVEIRA A,et al. Haematological and genotoxic profile study of workers exposed to medical waste［J］. Revista De Pesquisa. Cuidado E Fundamental,2013,5（6）：160-168.

［65］LIAO C J,HO C C. Risk management for outsourcing biomedical waste disposal-Using the failure mode and effects analysis［J］. Waste Management, 2014,34（7）：1324-1329.

［66］AKPIEYI A,TUDOR T L,DUTRA C. The utilisation of risk-based frameworks for managing healthcare waste：A case study of the National Health Service in London［J］. Safety Science,2015,72：127-132.

［67］姒怡冰,董安,石东辉.失效模式在医疗废弃物管理中的应用［J］.中国卫生资源,2014（1）：48-50.

［68］PRÜSS A,GIROULT E,RUSHBROOK P. Safe management of wastes from health care activities［J］. World Health Organization,1999,79（2）:171.

［69］陈雯,环境库兹涅茨曲线的再思考［J］.中国经济问题,2005（5）:42-49.

［70］SAMUELSON,PAUL A. The Pure Theory of Public Expenditure［J］. Review of Economics and Statistics,2015,36（36）,1-29.

［71］保罗.萨缪尔森,威廉.诺德豪斯.经济学［M］.16版.北京:华夏出版社,1999.

［72］钱学森.论系统工程［M］.长沙:湖南科学技术出版社,1982.

［73］尹稚,马文军,孙施文,等.城市规划方法论［J］.城市规划,2005,29（11）:28-34.

［74］李前喜,冈本真一.日本的医疗垃圾处理系统［J］.上海环境科学,2003,22（7）:508-513.

［75］YUKIHIRO IKEDA. Importance of patient education on home medical care waste disposal in Japan［J］. Waste Management,2014,34（7）:1330-1334.

［76］http://www. epa. gov/epawaste/nonhaz/industrial/medical/.

［77］聂丽.美国医疗废弃物管理对我国的启示［J］.中国卫生事业管理,2014,31（3）:196-198.

［78］SCHWARTZ P W. Normative influences on altruism in Berkowitz［M］. New York：Academic Press,1977.

［79］GUAGNANO G A.,STERN P. C.,DIETZ T. Influences on attitude behavior relationships：A natural experiment with curbside recycling［J］. Environ-

ment and Behavior,1995,27(5)：699-718.

[80] HINES J M,HUNGERFORD H R,TOMERA A N. Analysis and synthesis of research on responsible environmental behavior：A meta-analysis[J]. Journal of Environmental Education,1987,18(2)：1-8.

[81] 侯燕,王华,毕贵红. 考虑源头减量的城市生活垃圾管理系统动力学研究[J]. 环境科学与管理,2007,32(11):1-6.

[82] 毕贵红,王华. 城市固体废物管理源头政策调控系统动力学模型[J]. 环境工程学报,2008,2(8):1103-1109.

[83] DERAR ELEYAN,ISSAM A AL-KHATIB,JOY GARFIELD WASTE. System dynamics model for hospital waste characterization and generation in developing countries[J]. Waste Management & Research,2013,31(10)：986-995.

[84] NESLI CIPLAK, JOHN R BARTON. A system dynamics approach for healthcare waste management：a case study in Istanbul Metropolitan City, Turkey[J]. Waste Management & Research,2012,30(6)：576-586.

[85] 谭晓宁. 建筑废弃物减量化行为研究[D]. 西安:西安建筑科技大学,2011.

[86] 陈占锋,陈纪英,张斌,等. 电子废弃物回收行为的影响因素分析——以北京市居民为调研对象[J]. 生态经济,2013(2):178-183.

[87] 朱姣兰,李景茹. 施工人员建筑废弃物减量化行为影响因素调查分析——以深圳市为例[J]. 工程管理学报,2011,25(6):633-637.

[88] 王其藩,蔡雨阳,贾建国. 回顾与评述:从系统动力学到组织学习[J]. 中国管理科学,2000(S1):237-247.

[89] 王其藩,贾建国. 加入WTO对中国轿车市场需求影响研究[J]. 系统工程理论与实践,2002,22(3):56-62.

[90] CHAERUL M,TANAKA M,SHEKDAR A V. A System Dynamics approach for hospital waste management[J]. Waste management,2008,28(2):442-449.

[91] 黎磊. 村镇生活垃圾收运系统研究[D]. 武汉:华中科技大学,2009.

[92] 米庆华,赵玉娟. 建设与农村区域发展目标相协调的村镇体系[C]. 华东地区农学会、山东农学会2010年学术年会交流材料,2010.

[93] 范里安·哈·R. 微观经济学:现代观点[M]. 费方域,译. 上海:上海人民出版社,2006.

[94] 贾传兴,彭绪亚,刘国涛,等. 城市垃圾中转站选址优化模型的建立及其应用[J]. 环境科学学报,2008,26(11):1927-1931.

[95] BERMAN O,DREZNER Z,KRASS D,et al. The variable radius covering

problem[J]. European Journal of Operational Research,2009,196(2):516–525.

[96]BERMAN O,KALCSICS J,KRASS D,et al. The Ordered Gradual Covering Location Problem on a Network[J]. Discrete Applied Mathematics,2009,157(18):3689–3707.

[97]万波.公共服务设施选址问题研究[D].武汉:华中科技大学,2012.

[98]郑金华.多目标进化算法及其应用[M].北京:科学出版社,2007.

[99]马云峰,杨超,张敏,等.基于时间满意的最大覆盖选址问题[J].中国管理科学,2006.14(2):45–51.

[100]REVELLE C S,EISELT H A. Location analysis:A synthesis and survey[J]. European Journal of Operational Research,2005,165(1):1–19.

[101]侯云先,翁心刚,林文,等.应急物流运作[M].北京:中国财富出版社,2014.

[102]雷英杰,张善文,李续武,等.MATLAB 遗传算法工具箱及应用[M].西安:西安电子科技大学出版社,2005.

[103]DEB KALYANMOY,AMRIT PRATAP,SAMEER AGRAWAL,et al. A Fast and Elitist Multi–Objective Genetic Algorithm:NSGA–2[J]. IEEE Transactions on Evolutionary Computation,2002,6(2):182–197.

[104]何波.多层逆向物流网络优化设计研究[D].武汉:华中科技大学,2008.

[105]何蕾.逆向物流的车辆路径优化模型研究[D].廊坊:河北工业大学,2009.

[106]向金秀.带时间窗的农产品冷链物流车辆路径问题研究[D].大连:大连海事大学,2011.

[107]杨信丰,李引珍,何瑞春,等.多属性时间依赖网络的城市危险品运输路径优化[J].中国安全科学学报,2012,22(9):103.

[108]潘立军.带时间窗车辆路径问题及其算法研究[D].长沙:中南大学,2012.

[109]李琳,刘士新,唐加福.改进的蚁群算法求解带时间窗的车辆路径问题[J].控制与决策,2010,25(9):1379–1382.

[110]李士勇,陈永强,李研.蚁群算法及其应用[M].哈尔滨:哈尔滨工业大学出版社,2004.

[111]段海滨.蚁群算法原理及其应用[M].北京:科学出版社.2005.

[112]丁秋雷,胡祥培,李永先.求解有时间窗的车辆路径问题的混合蚁群算法[J].系统工程理论与实践,2007,27(10):98–104.

[113]徐成亮.信息技术在物流行业中的应用研究[J].物流工程与管理,
2015,37(1):121-123.

[114]路程,张祖涛,于威.现代物流中信息技术应用的探讨[J].科技经济市
场,2015(1):201-202.

[115]张玲燕.RFID 信息技术在物流领域中的应用研究[J].经营管理者,
2015(3):204.

[116]冯希.基于 GPS 物流车辆调度平台的设计与实现[J].物流工程与管
理,2015(1):110-112.

[117]孙磊.RFID 技术在电子产品逆向物流系统中的应用研究[D].北京:
北京工业大学,2013.

[118]黄长清.智慧武汉[M].武汉:长江出版社,2012.

[119]贺超,庄玉良.基于物联网的逆向物流管理信息系统构建[J].中国流
通经济,2012,26(6):16-17.

[120]卢冰原,黄传峰.物联网下的城市医疗废弃物多级协作处理模式研究
[J].物流技术,2014,33(1):310-313.

后　记

　　感谢我的博士生导师中国农业大学的乔忠教授,愿意给我读博士的机会,才可能写此书。感谢给我帮助的同学们,特别感谢吴天真同学,他在书稿撰写整个过程中,给我许多帮助和鼓励,每次遇到难题时,不管是内容还是技巧,他都会放下手边的活,不厌其烦地帮助我;谢谢王琳同学对书稿撰写的支持,他们在我的学习和论文写作过程中给了我很大的安慰和帮助。

　　感谢我的女儿,从3岁到6岁的时光里,忙碌的我很少陪她,记得每次急着写作时,她都悄悄地躲到一旁玩耍不再打搅,还记得女儿怯怯的表情和带着泪花的脸;感谢我的丈夫,他容忍了我的急脾气,总是默默地给我支持和鼓励,承担了几乎所有的家务;感谢父母,他们年龄渐渐大了,我却没有时间去看他们,感谢他们的理解;感谢我的弟弟,在自己工作繁忙的情况下,依然帮助我解决书稿中的问题。

　　感谢中国农业大学,淳朴的校风,敬爱的老师,可爱的同学,谢谢这么好的环境! 在未来的日子里,带着美好的心情,快乐向前!